유감스러운 병기 도감

세계 병기사 연구회
오광웅 옮김

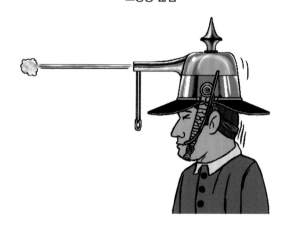

AK TRIVIA SPECIAL

시작하며

전쟁 있는 곳에
진기한 병기 또한 있다?!

전쟁과 병기는 불가분의 관계에 있습니다. 인간이 이 세상에 출현한 이래, 여러 사람들이 다양한 병기를 고안해왔습니다.

그중에는

"이게 대체 뭐지?!"
"어쩌다 이렇게 된 거야?!"

라는 소릴 듣는 병기, 그리고 "(실로) 유감스러운 병기"가 다수 존재했습니다.

곰곰이 생각해봤으면 실패할 것이 뻔했음에도 무슨 이유였는지 만들어지고 만 병기들.

어째서 아무도 말리지 않았으며, 어쩌다 그런 형태가 되어버린 것일까.

"저기, 그거 제정신인가요?!"

…라고 딴지를 걸어주고 싶은 마음은 굴뚝같지만, 당시 사람들은 정말 진지하게 고민했겠죠.

이 책에서는 끝내 역사에 이름을 남기지 못하고 사라져간 진기한 병기들의 애수 어린 기록들을 소개하고 있습니다. 독자 여러분, 부디 따뜻하고 너그러운 시선으로 읽어주시면 감사하겠습니다.

전차의 탄생

병기의 개발은 그 자체가 투쟁이다!

　때는 제1차 세계대전(1914~1918). 이 전쟁에서는 빠른 속도로 총탄을 연사하는 기관총의 등장으로, 병사들은 '참호'라는 긴 구멍을 파고, 지면 아래 납작 엎드릴 수밖에 없게 되었습니다. 병사들이 적을 공격하려고 하면 참호에 설치된 기관총이 곧장 불을 뿜었기에 도저히 앞으로 나아갈 수가 없었죠.

　이 상황을 어떻게든 타개하기 위해, 세계 각국에서는 여러 가지 병기를 고안했습니다만, 어느 것 하나 만족스런 성능을 내지 못해 사라져 갔습니다. 그 와중에 영국에서 개발한 '전차'라는 병기가 경쟁에서 살아남았고, 전쟁의 형태를 크게 바꾸게 되었습니다.

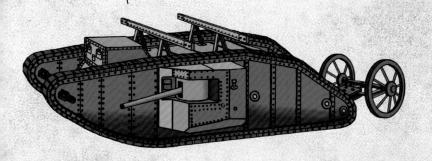

견고한 몸체와 긴 차체.
바로 참호를 넘기 위해
필요했던 거지.

🇬🇧 마크 I 전차

 프로필

- 개발······영국
- 연대······1916년
- 전장······9.9m
- 최고 속도······5.95km/h
- 무장······57mm포

세계 최초의 전차. 적의 참호를 돌파하여 전투를 유리하게 이끌기 위해 만들어졌습니다. 참호나 구덩이를 넘어갈 수 있도록 차체를 마름모꼴로 길게 늘였으며, 무한궤도를 이용하여 천천히 앞으로 나아갑니다. 하지만, 사실 이 전차는 차체가 너무 긴 탓에 좌우로 방향을 틀기 어렵다는 결점이 있어, 초기에는 뒤에 추가로 바퀴를 달지 않으면 방향전환을 할 수 없었다고 합니다.

다른 분야의 병기가 생각지 못한 형태로 합체하는 경우도?

　비행기로 하늘을 날게 된 것은 1903년의 라이트 플라이어 1호부터였습니다. 제1차 세계대전 무렵, 비행기는 새로운 병기로 주목을 받아, 여러 가지로 사용되었습니다.

　그런 와중에 군함에 비행기를 올린다고 하는 시도도 이루어졌습니다. 우리가 흔히 말하는 '항공모함'이었던 것이죠. 바다 위의 군함과 하늘을 나는 비행기라고 하는 정말 너무도 다른 분야의 병기가 결합하여, 제2차 세계대전(1939~1945)에서 크게 활약했습니다. 항모는 현대에도 해군의 강력한 힘을 상징하는 존재로 남아 있습니다.

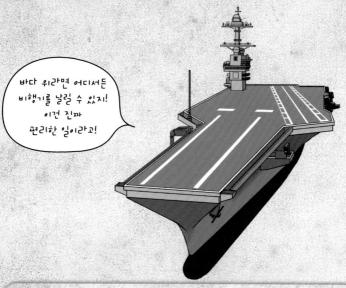

바다 위라면 어디서든 비행기를 날릴 수 있지! 이건 진짜 편리한 일이라고!

🇺🇸 제럴드 R 포드급 항공모함

 프로필

- 개발……미국
- 연대……2017년~현재
- 전장……333.0m
- 전폭……41.0m
- 속도……30노트

미 해군의 최신예 항모입니다. 현대의 전쟁에 대응하여, 함대의 중심이 되어 작전 행동을 합니다. F-35를 비롯한 75기나 되는 함재기를 탑재할 수 있으며, 장래에는 레이저포 등도 탑재할 예정이라고 합니다.

병기의 모습과 형태는 시대에 따라 변화무쌍!

    병기는 시대의 흐름에 따라 형태가 크게 변해왔습니다. 그 대표적인 예로, 스텔스기라 불리는 비행기를 살펴보도록 하죠. 스텔스기는 레이더에 자신의 모습이 잘 포착되지 않는 기능을 지닌 비행기입니다. 다른 무엇보다 상대에게 발각되지 않을 것을 우선으로 생각해 만들어졌기에 보통의 비행기와는 전혀 다른 형태이지요. 대표적인 스텔스기로는 B-2 폭격기가 있는데, 이 비행기는 가오리처럼 납작한 모습을 하고 있으며, 꼬리날개가 없습니다. 이런 형태로는 안정된 비행이 어렵지만, 최신 컴퓨터로 기체를 제어하여 안정된 성능을 발휘합니다. 기술의 발전에 따라 병기 또한 진화하고 있는 것입니다.

🇺🇸 B-2 '스피릿' 폭격기

미국에서 개발한 스텔스 폭격기로, 세계에서 유일하게 꼬리날개가 없는 전익기로 실용화된 비행기입니다. 대량의 폭탄을 내부에 적재하고, 목표 상공에서 투하하는 것을 임무로 합니다. 제작에 비용이 많이 들기에 불과 21대밖에 만들어지지 못했습니다.

시대가 변하면 요구되는 병기 모습도 함께 변하는 법이지!

🇺🇸 F-35 '라이트닝 II' 전투기

세계 최신의 스텔스 전투기로, 전투기와 폭격기의 임무를 모두 수행할 수 있는 '멀티롤 파이터(다목적 전투기)'로 개발되었습니다. 가까운 미래에는 군에서 사용하는 모든 전투기가 이 F-35로 대체될지도 모릅니다. 최대 속도는 마하 1.6입니다.

목차

시작하며   2
병기는 어떻게 만들어지는가   4

제1장 유감스러운 사격 병기

쏘기 전에 목을 단련하지 않으면 기절합니다   14
화약을 쓰지 않고 쏜다는 발상만은 좋았다   16
총탄은 막을 수 있었지만 너무 무거웠다   17
방귀를 뀐 범인 찾기로 서로 싸우는 걸 노렸다   18
무엇이 너를 이끌었는가?…여탕으로 숨어든 유도탄   19
비행기에 불을 뿜어도 닿지 않는답니다   20
전자의 힘으로 적을 3분 요리로 만든다?!   22
비행기에 공기를 날려 추락시킬 생각이었습니다   24
한 방에 넷을 쓰러뜨릴 수 있지만 정면으론 쏠 수 없답니다   25
폭탄을 실은 뒤엔 바람에 몸을 맡길 뿐   26
모퉁이 너머의 적을 맞추고 싶었습니다만   28

제2장 유감스러운 이동 병기

세계 최초의 장갑차는 자전거였습니다   30
사막을 달릴 차가 모래에 약해서 어쩌자는 건지?!   32
아무리 시간에 쫓겼어도 병기를 그림으로 때워서야…   34
독일의 망상이 낳은 엄청 긴~ 전차   36
최대 최강의 열차포는 너무 거대한 탓에 그냥 표적 신세?!   38
아군에게도 돌진하는 거대 폭주 수레바퀴 폭탄   40
케이블이 끊기면 그걸로 끝인 원격 조종 폭탄   42
거리를 마구 부수는 거대 럭비공   44

제3장 유감스러운 지상 병기

사상 최강의 전차는 너무 무거워서 도로까지 박살   46
디자인의 프랑스! 전차 또한 디자인 중시?   48
승무원이 멀미를 해서야 아무 쓸모가…   50
지나친 다이어트로 뼈대만 남다   52
도저히 무서워서 공격 불가! …원자로 탑재 전차   54
차체는 내다버리는 것! 포탑에 목숨을 건 괴전차   56
대포는 잔뜩 달렸지만 전진 불가능   58
여명기의 전차는 캐터필러 괴물   60
뒤로 전진하는 다루기 번잡스런 자주포   62
운송이 힘들어 전차에 날개를 달아봤습니다   64
이미지만으로는 세계 최강의 전차   66
지상 최강도 이쯤 되면 망상 수준입니다   67
트랙터에 함석판을 누덕누덕 붙여봤습니다   68

제4장 유감스러운 해상 병기

너무 욕심껏 어뢰를 달았더니 폭발의 위기가!   70
지구 반대편까지 비행기를 운반할 수 있었지만   72
어느 날, 커다란 배를 짓는 꿈을 꾸었습니다   74
배와 비행기의 장점 결합에 실패   76
실현되었다면 최고였을 하늘을 나는 잠수함   78
얼음으로 만든 항모. 부서져도 바로 고칠 수는 있지만…   80
포탄이 닿는 곳은 강물의 흐름에 따라서   82

제5장 유감스러운 항공 병기

목숨이 아깝다면 내 뒤에 서지 마라!   84
팬케이크가 하늘에서 습격해오다!   86
역시 천조국! 비행 중에도 휴식이 가능한 직장입니다   88
제트기의 조상은 직진밖에 할 수 없었다   90
만드는 법이 완전히 잘못됐다고밖에는…   92

너무 일찍 태어난 스텔스기 94

날아오른 건 좋았지만 돌아갈 방법이 없다 96

한 번 쓰고 버리는 비행기형 폭탄 98

구멍이 뚫리면 끝? 날개 달린 풍선 100

개복치처럼 얇고 둥글게 하면 빨리 날 수 있을까? 101

모기에서 분리되어 싸우는 꼬마 전투기 102

지면이 보이질 않아 착륙 불가능 104

엔진 위에 사람이 타는 로켓같은 비행기 106

프랑스군이 개발한 비행기, 독일군의 눈길을 끌다 107

시야가 넓으니 정찰에는 안성맞춤 108

날개 끝에 사람을 태우고 비행이라니, 진짜로?! 110

이렇게까지 해서 밸런스를 어긋나게 한 이유는? 111

종이비행기를 뒤집어 거기에 제트엔진을 달아보았다 112

제6장 유감스러운 생물 병기

미사일이 향할 곳은 비둘기만이 안다 114

화물이 상하지 않도록 확실히 전해주는 칠면조 116

굳이 폭탄까지 들고 집에 숨을 필요가 있었을까? 117

충실하게 임무를 다한 어느 불곰 이야기 118

군사적으로도 인간과 깊은 관계를 맺다 120

알이 아니니 폭탄을 품지 말아줘! 122

잠자리가 차세대 드론으로?! 123

마치며 124
색인 126

제 1 장

유감스러운 사격 병기

🇺🇸 헬멧 총

쏘기 전에 목을 단련하지 않으면 기절합니다

제1차 세계대전을 즈음하여 다양한 근대 병기가 발명되었습니다만, 그중에는 이런 진기한 병기도 있었습니다. 이 헬멧 총은 문자 그대로 **헬멧과 총이 합체된 기묘한 병기**였습니다.

이 헬멧 총은 미국의 알버트 프랫(Albert Bacon Pratt)이 설계했습니다. 특징은 헬멧 위쪽에 총이 달려 있다는 것으로, 헬멧을 쓴 사람의 시선에 맞출 수 있도록 조준기도 달려 있었지요.

쏘는 방법은 간단했는데, 헬멧에 이어진 가느다란 튜브를 입에 물고 있다가 숨을 불어넣으면, 튜브를 통해 공기가 전달되어 자동으로 발사되는 구조였습니다.

이 헬멧 총을 사용하면 표적을 아주 정확하게 맞출 수 있었습니다. 표적을 바라보는 것 자체가 총을 조준하는 것이었기 때문이지요. 하지만, 여기에는 치명적인 단점이 하나 있었습니다. **총을 쏠 때의 충격과 반동이 그대로 목에 전달되기에 목을 다칠 것이 분명**하다는 것이었죠. 그래서 결국 실용화되지는 못했습니다.

쐈다간 분명
목이 아플 거야….

개 발 미국　　연 대 1910년대

📷 프로필

■전장······불명　■무장······불명

🇺🇸 다이너마이트 포 ［개발］ 미국 ［연대］ 19세기

화약을 쓰지 않고 쏜다는 발상만은 좋았다

효과가 그저 그런 탓에 별로 팔리질 않았지….

알프레드 노벨

📷 프로필

- 전장……4.3m
- 무게……450kg
- 무장……6.4cm 다이너마이트 탄

　19세기, 노벨상을 제정한 알프레드 노벨은 강한 폭발력을 지닌 다이너마이트 개발에 성공했습니다. 미국에서는 이 **다이너마이트를 포탄으로 날리는 '다이너마이트 포'를 개발**했는데, 다이너마이트는 작은 충격에도 폭발하기 쉬웠기 때문에 화약을 쓰지 않고 압축공기를 이용하여 발사했습니다.

　역사를 바꿀 병기로 기대를 모았지만, 발사 방법이 특수한 데다 사거리도 짧았고, 위력도 약했기에 결국 큰 활약을 하지 못했다고 합니다.

🇺🇸 브루스터 바디 실드

개발 미국 | 연대 19세기

총탄은 막을 수 있었지만 너무 무거웠다

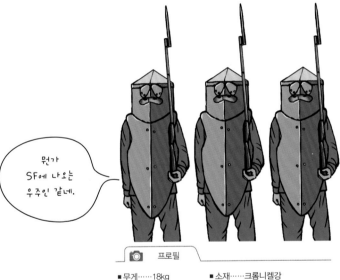

> 뭔가 SF에 나오는 우주인 같네.

📷 프로필

■무게……18kg　　■소재……크롬니켈강

　제1차 세계대전에서는 기관총이라는 병기가 등장, 전쟁의 형태가 크게 바뀌었습니다. 짧은 시간에 대량의 탄환을 발사하는 기관총에 대항하기 위해서는 역시 두터운 갑옷을 입는 게 좋다고 생각한 미국에서는 브루스터 바디 실드라는 방어구를 만들었습니다.

　이 방어구는 강철로 만들어졌는데, 문제라면 바로 그 무게. **무게가 무려 18kg이나 나갔기에 이를 착용한 병사가 움직이기 버거울 정도였고, 결국 시제품으로 끝났습니다.** 만약 이것이 실용화되었다면 위 그림과 같은 병사들이 전장에서 싸우는 심히 괴이한 광경을 보게 되었을지도 모르는 일이지요.

17

🇺🇸 방귀 폭탄

개발 미국   연대 1990년대

방귀를 뀐 범인 찾기로 서로 싸우는 걸 노렸다

그저 냄새만 구릴 뿐 아무 의미도 없잖아….

📷 프로필

- 전장……불명
- 무장……방귀 냄새가 나는 특수 가스

　전쟁터에서는 군대끼리 싸워 상대를 쓰러뜨리는 것이 보통이지만, 싸우기 전에 적의 전의를 빼앗아, 싸우지 않고 승리한다는 보다 현명한 전법도 있습니다. 그래서 생각한 것이, **적 부대에 방귀 냄새를 퍼트려, "누가 방귀를 뀐 거야?!"라며 서로 싸우게 만드는 통칭 '방귀 폭탄'**이었습니다.

　실은 1990년대까지 연구되고 있었습니다만, 계획이 중지되었습니다. 어째서인고 하면, **방귀 냄새는 세상 모든 사람들이 알고 있었기에, 그 누구도 적의 공격이라고는 눈치채지 못할 것**이라 생각되었기 때문이라고 하네요.

이(イ)호 1형 을(乙) 무선 유도탄

| 개 발 | 일본 | 연 대 | 1944년 |

무엇이 너를 이끌었는가?… 여탕으로 숨어든 유도탄

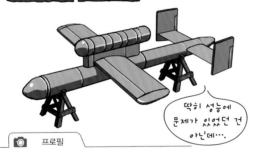

딱히 성능에 문제가 있었던 건 아닌데….

📷 프로필

- 전장……40.9m
- 무게……680kg
- 최대 속도……불명
- 폭탄 탑재량……300kg

유도 폭탄이라는 것은 흔히 말하는 미사일의 선조격이라 할 수 있는 병기 중 하나입니다. 항공기에서 투하하여, 조종사가 수동으로 목표까지 유도, 폭발시킵니다.

이 연구는 제2차 세계대전 중에 세계 각국에서 실시되었습니다. 처음으로 실용화한 것은 독일이었는데, 일본에서도 연구가 이루어지면서 이호 1형 을 무선 유도탄이 만들어졌습니다. 하지만, **비행기에서 투하된 뒤, 조작 실수를 하면서 여관 온천(여탕)을 직격하고 말았습니다.** 종전 직전까지 개발이 지속되긴 했지만, 결국 실용화에는 이르지 못했다고 하네요.

🇬🇧 라곤다 대공 화염 방사기

개 발) 영국   연 대) 1940년대

비행기에 불을 뿜어도
닿지 않는답니다

화염방사기는 지상의 목표를 향해 화염을 발사하는 병기입니다. 그런데 그런 **화염방사기를 위쪽을 향해 발사**하려고 했던 나라가 있었습니다. 바로 영국이었죠.

영국에서 만든 대공 병기 중에 라곤다(Lagonda)라고 하는 것이 있었습니다. 이것은 화염을 공중으로 뿜어, 비행기를 불에 태워 격추시킨다는 것으로, 제2차 세계 대전 중에 개발되었습니다.

하지만, 상공을 빠른 속도로 날아다니는 비행기에 화염을 뿜는다는 건 어려운 일이었고, 아무리 애를 써도 90m밖에 닿지 않았기에, 우선 **명중시키는 것이 불가능했습니다**. 그리고 설령 화염을 맞추더라도 아주 짧은 시간 안에 **비행기에 불을 붙일 정도의 위력은 없었지요**(조종사를 깜짝 놀라게 하는 정도가 고작이었습니다).

게다가 불꽃을 위를 향해 발사하기에, 지상으로 떨어지는 불똥의 양도 상당했기에, **아군까지 태워버릴지도 모를** 대단히 위험한 병기가 되고 말았습니다.

 프로필

■ 비거리……91m   ■ 연료……약 2ℓ

🇯🇵 괴력광선Z

📷 프로필

- 전장……불명   - 무장……마이크로파

지금 시점에서도
수수께끼가 많은
병기 중 하나야.

개 발 일본　　　연 대 1940년대

전자의 힘으로 적을
3분 요리로 만든다?!

　SF작품에 등장하는 레이저빔 등의 병기를 태평양 전쟁을 치르고 있던 일본에서도 개발하려 했던 적이 있었습니다.

　이 병기들은 'Z병기'라고 불렸는데, 전쟁을 유리하게 이끌기 위해 가나가와 현 가와사키 시에 있던 육군 노보리토 연구소에서 연구가 이뤄졌습니다. 그중에서도 특히 유명했던 것이 바로 '괴력광선'이었습니다.

　이것은 마이크로파를 목표를 향해 발사, 목표를 가열하여 파괴한다는 무시무시한 병기였습니다. 우리가 잘 아는 **전자레인지의 원리를 이용하여 적군을 3분 요리처럼 익히겠다는 발상이었지요.**

　하지만 실험에서는 수 미터 앞의 목표물을 가열하는 데 성공했을 뿐, 실용화에는 이르지 못했습니다.

23

 풍력포

비행기에 공기를 날려 추락시킬 생각이었습니다

바람의 힘으로 비행기를 날려버려라!

📷 **프로필**

■ 전장……10.7m　　　　■ 무장……압축 공기

　　제2차 세계대전 후반, 독일은 연합국의 공격에 대항하기 위해, 제트기나 미사일 등의 최신 병기 개발을 진행하고 있었습니다만, 한편에선 자원을 적게 소모하는 염가판 병기를 찾고 있었습니다.

　　풍력포(Windkanone)는 압축한 공기를 가늘고 긴 파이프를 통해 강한 힘으로 분사하는 것으로, **보이지 않는 공기 포탄을 적 비행기에 맞춰 추락시키는 병기였습니다.** 포탄이 공기이므로 그야말로 친환경! 게다가 적에게는 포탄이 보이지 않는다는 점도 있어 성공을 기대했지만, 역시나 비행기를 떨어뜨리기엔 무리가 있어, 아무 도움이 되지 않았습니다.

 덕 풋 피스톨

개발	영국 미국	연대	18세기~ 19세기

한 방에 넷을 쓰러뜨릴 수 있지만 정면으론 쏠 수 없답니다

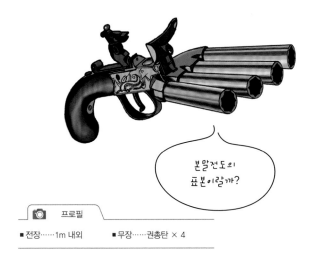

> 본말전도의 표본이랄까?

📷 **프로필**

■ 전장……1m 내외   ■ 무장……권총탄 × 4

눈먼 사수라도 마구 쏘다 보면 맞는다는 말이 있습니다. 아무리 사수 실력이 형편없더라도 계속, 그리고 많이 쏘면 그중에 한 발은 어떻게든 맞는다는 소리입니다만, 아주 옛날의 권총 중에는 바로 그런 발상에서 만들어진 것이 있었습니다. *덕 풋 피스톨(Duck foot pistol)이 그 예인데, 이 총에는 총구가 4개나 있었고, 한 번에 4방향으로 탄환을 발사할 수 있었기에 효율적으로 적을 쓰러뜨릴 수 있었습니다.

하지만 이 총, 놀랍게도 바로 정면을 향해서는 발사할 수 없었습니다. 때문에 **바로 앞의 적을 향해서 쏘더라도 맞지 않는, 어딘가 나사가 빠진 총**인 셈이죠.

---

*덕 풋은 영어로 오리발이라는 의미입니다.   25

풍선 폭탄

폭탄을 실은 뒤엔
바람에 몸을 맡길 뿐

　풍선 폭탄은 태평양 전쟁 당시에 일본이 미국을 공격하기 위해 개발한 병기입니다.

　이 병기는 풍선(기구)에 폭탄을 단 것으로, 발사되면 풍선처럼 바람을 타고 태평양을 횡단, 머나먼 미국으로 건너가 폭발하는 것이었습니다.

　실제로 미국에 도달할 수 있는가는 별개로 치더라도, **일본에서 미국을 직접 공격할 수 있는 유일한 병기**로 기대를 받아 대량으로 생산되었습니다. **풍선의 재료로 사용된 것은 곤약풀과 일본 전통지뿐**으로, 싼 값에 금방 만들 수 있다는 장점이 있었습니다. 때문에 많은 여학생들이 제조에 동원되었습니다.

　이 병기는 전쟁이 끝나기까지 9,000발이 띄워졌으며, 강력한 편서풍을 타고 1,000발 가량이 미국에 도달했다고 알려져 있습니다. 피해는 산불을 일으킨 것이 고작이었습니다만, 미국에서는 마지막까지 풍선 폭탄을 경계했다고 합니다. 레이더에도 비치지 않고, 소리도 없이 날아드는 것만큼은 공포였을 테니까요.

개 발 일본   연 대 1940년대

생긴 건 이래도
나름 전과를 올렸다고.

 프로필

■ 전장……35m   ■ 비행 고도……최대 12,000m
■ 폭탄 탑재량……15kg   ■ 비행시간……70시간

크룸라우프(곡사총)

모퉁이 너머의 적을 맞추고 싶었습니다만

> 이거 제대로 나가기는 하려나….

📷 프로필

- 원형……StG44 돌격소총　　■ 수명……약 150발

　　이 세상에는 끝부분이 살짝 휘어진 별난 총도 존재합니다. 독일의 크룸라우프(Krummlauf, 곡사총)이 바로 그 주인공입니다.

　　이 총은 엄폐물이나 길모퉁이에 숨어 있는 적군을 안전하게 숨어서 쏠 수 있도록 개발되었습니다. 발상 자체는 좋았지만 실은 여러 문제가 있었습니다.

　　우선, 총구를 무리하게 휘게 만든 탓에, **탄환이 똑바로 날아갈 수 없었습니다.** 때문에 노린 표적을 맞출 수가 없었지요. 게다가 망가지기도 쉬워서, **150발 정도 쏘면 총이 고장을 일으켜, 금방 못쓰게 되었다고 합니다.**

제 **2** 장

유감스러운
이동 병기

🇬🇧 모터 스카우트

이래 보여도
훌륭한 장갑차였죠.

 프로필

- 전장……약 2m
- 무장……7.7mm 맥심 기관총 × 1
- 주행 거리……193km
- 탑재 탄수……1,000발

세계 최초의 장갑차는
자전거였습니다

오늘날, 우리가 늘 타고 다니는 자전거는 미국에서 19세기에
처음 실용화되어 전 세계로 퍼져나갔습니다. 당시로선 신문물이
었던 자전거를 본 사람들은 "여기에 무장을 달면 더 강력해지지
않을까?"라고 생각했습니다.

그렇게 해서 태어난 것이 모터 스카우트(Motor Scout)라 불리
는 세계 최초의 장갑차였습니다. 이 병기는 1898년, 영국의 발
명가인 프레드릭 심즈(Frederick R Simms)가 개발했는데, '장갑
차'라고는 하지만 현대의 장갑차와는 달리, 그저 사륜차에 기관
총을 얹은 정도인 허술한 자전거에 지나지 않았습니다. **안장 앞
에 기관총을 올리고 적의 사격을 막을 수 있도록 최소한의 방탄
판이 설치된 정도였지요.** 부실해 보이는 생김새입니다만, 제1차
세계대전 이후 병기의 기계화에 있어 큰 공헌을 한 병기이기도
합니다.

🏴󠁧󠁢󠁥󠁮󠁧󠁿 윈드 웨건 장갑차

사막을 달릴 차가 모래에 약해서
어쩌자는 건지?!

개 발	영국	연 대	1910년대

제1차 세계대전에서는 아프리카의 광대한 사막 또한 전장이 되었습니다. **자동차 선진국이었던 영국은 다른 나라보다 앞서 장갑차를 개발**했습니다만, 당시의 자동차에는 모래밭 위를 달릴 때 쓰는 오프로드용 타이어도, 강력한 엔진도 없었기에 아프리카로 보낸 장갑차로 사막을 달리는 것은 무척 어려웠습니다.

이런 문제를 해결하기 위해 영국에서는 **보통의 자동차 엔진이 아닌 비행기용 프로펠러 엔진을 차체에 올려, 바람의 힘으로 모래를 날리면서 달리는 장갑차를 개발했습니다.** 이렇게 태어난 것이 바로 윈드 웨건 장갑차였습니다.

하지만, 이 차는 한눈에 봐도 알 수 있듯 가장 중요한 프로펠러 엔진이 외부에 노출된 상태였기에, 엔진에 모래가 들어가면 고장을 일으키고 말았습니다. 어째서 아무도 엔진에 커버를 씌울 생각을 하지 않았는지는 모르겠지만, 결국 **완벽한 실패작**으로 남게 되었습니다.

어째서 아무도
엔진 커버를
안 씌웠던 거지…?

 프로필

- 전장……4.3m
- 높이……2m
- 무장……7.7mm 기관총 × 1

프로트 라플리

실제론 너무 커서
언덕도 못 올라갔답니다.

| 개 발 | 프랑스 | 연 대 | 1915년 |

아무리 시간에 쫓겼어도
병기를 그림으로 때워서야…

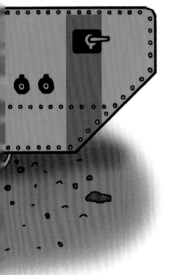

전차의 개발은 제1차 세계대전 당시의 참호전에서 비롯되었습니다. 강력한 참호를 돌파하기 위해 모든 참전국이 전차 개발에 매달렸지요. 프랑스에서 개발된 프로트 라플리(Frot-Laffly)는 이런 초창기의 전차 가운데 하나였습니다.

이 전차는 어쨌거나 벽처럼 크고 긴 것이 특징으로, 계획대로였다면 앞뒤로 기관총이 4자루 탑재되고, 여기에 더해 좌우로 대포가 2문, 기관총 6자루가 탑재된 강력한 전차가 될 예정이었습니다.

하지만 실제로 나온 물건은 개발을 너무 서두른 탓에, 무장을 제때 맞춰 싣지 못했습니다. 시험 주행에 모습을 드러낸 프로트 라플리는 좌우 측면에 탑재 예정이었던 대포와 기관총을 **실물처럼 그린 '그림'으로 때운 상태였지요.** 때문에 실제로 싣고 있는 것은 앞뒤의 기관총뿐으로, 이렇게 그림으로 때운 전차는 당연히 성능도 좋지 않았기에 결국 군에 채용되지 않았습니다.

 프로필

- 전장……7m
- 높이……2.3m
- 최고 속도……3~5km/h
- 무장……기관총 × 4

미드가르드 슈랑에

독일의 망상이 낳은
엄청 긴~ 전차

(개 발) 독일　　　　(연 대) 1930년대

　만약에 **지상과 수중, 지하를 드릴로 뚫고 지나다니는 전차**가 있다면 어땠을까요? 한때 독일에서는 이런 망상을 진지하게 고민한 적이 있었습니다.

　지하를 드릴로 이동하는 병기를 실현하고자 한다면, 드릴의 충격을 견딜 수 있을 만큼 튼튼한 차체가 필요하겠죠? 독일에서는 이 문제를 **27대나 되는 전차를 마치 기다란 뱀처럼 한 줄로 길게 연결하여 해결하고자 했습니다.**

　이 연결 전차에는 북유럽 신화에 등장하는 거대한 뱀 요르문간드의 별명에서 따온 '미드가르드 슈랑에(MID-GARD-SCHLANGE)'라는 이름이 붙었으며, 시제차까지 만들어 실험을 실시하기도 했습니다. 만약 완성되었다면, 전장 524m에 총 중량 6만t이라는 무시무시한 크기의 병기가 되었겠습니다만, 역시 너무도 터무니없는 물건이었기에 곧 개발이 중지되고 말았습니다.

 프로필

- 전장……524m　　　　■ 승무원……30명
- 속력……지상·수중 30km/h, 지중 10km/h

80cm 열차포

날 움직이는 데
대체 몇 사람이나
필요한 거지?

📷 프로필

- 전장……47.3m
- 전고……11.6m
- 무장……80cm 열차포 × 1
- 운용 인원……4,000명 이상(승무원 포함)

개 발 독일	연 대 1940년대

최대 최강의 열차포는 너무 거대한 탓에 그냥 표적 신세!

　과거의 전쟁에서는 열차포라는 병기가 존재했던 적이 있었습니다. **거대한 대포를 열차 위에 얹고, 전장까지 레일을 깔아 이동시킨 뒤 적의 거점을 공격하는 병기입니다.**

　그중에서도 세계 최대의 열차포를 만든 것은 독일로, 구경이 80cm(포구로 성인이 기어 들어갈 수 있을 만한 크기입니다)에 달하는 열차포를 2문 완성시켰습니다.

　이 거대한 병기를 움직이는 데 필요한 레일은 4줄에 승무원은 최저 1,400명이었으며 포탄이 너무도 무거운 탓에 1시간에 2~3발밖에는 쏠 수 없었지만 그 위력은 절대적이어서, 요새를 통째로 날려버릴 만큼 무시무시한 파괴력을 지니고 있었습니다.

　하지만, 열차포의 공통적인 특징으로, 하늘로부터의 공격에 약하며, 특히 몸집이 큰 80cm 열차포는 항공기의 공격을 받았다간 속수무책으로 당할 수밖에 없었습니다. 때문에 이 병기를 쓸 기회는 그리 많지 않았고, 별 활약도 못한 채 전쟁이 끝나고 말았습니다.

판잰드럼

개 발 영국　연 대 1940년대

아군에게도 돌진하는 거대 폭주 수레바퀴 폭탄

판잰드럼(Panjandrum)은 **영국에서 개발한 달리는 폭탄**입니다. 적의 토치카에 돌진, 폭파시키는 1회용 병기였습니다만, 완성된 것은 폭약이 실린 본체에 거대한 수레바퀴를 붙인 단순한 물건으로, 로켓의 힘을 이용하여 바퀴를 굴려 앞으로 나아가도록 만들어졌습니다.

하지만, 실험에 들어가자, 로켓의 힘이 제각각이었기에 제대로 나아가지 못하고 넘어지는 것은 양반이오, **갑자기 방향을 틀어 아군에게 돌진하는 등, 엉망진창으로 작동하는 물건이었던 탓에 채용되지는 못했습니다.** 하지만 그 모습에서 보여준 임팩트가 너무도 강렬했기에 오늘날에는 **진기한 병기의 대명사**로 회자되고 있습니다.

 프로필

- 직경……3m
- 시속……100km/h(예정)
- 폭약 탑재량……1.8t

 # 골리아트

케이블이 끊기면
그걸로 끝인 원격 조종 폭탄

　골리아트(Goliath)는 제2차 세계대전 중에 독일이 **개발한 원격 조종 폭탄**입니다. 병사가 멀리 떨어진 곳에서 조종기로 조작하여 적의 토치카나 전차에 돌진시킨 뒤 폭파한다는 전법이었죠.

　하지만, 이 병기는 조종기와 본체가 케이블로 이어져 있었기에 적이 케이블을 끊어버리면 움직이지 못한다는 약점이 있었습니다. 또한 본체가 충격에 약했기 때문에 전장 한가운데에서 고장을 일으켜 움직이지 못하게 되는 일도 심심치 않게 일어났습니다. **발상 자체는 좋았지만, 기술력의 문제로, 실패작**이 된 병기의 대표적 사례로도 유명합니다.

 프로필　　※골리아트 V형의 수치

- 전장……1.6m
- 최고 속도……11.5km/h
- 주행 거리……6〜12km
- 최대 적재량……100kg

43

요새 파괴 병기 오보이

거리를 마구 부수는 거대 럭비공

이런 병기가 있었다면 당할 재간이 없지!

📷 프로필

- 전장……600m
- 승무원……수백 명
- 최고 시속……500km/h

　세계 최강의 병기라고 한다면 그것은 무엇일까요? 사람들은 그 답을 얻기 위해 여러 가지 병기들을 고안해냈습니다. 그중에서도 정말 별난 물건이 하나 있었으니, 바로 러시아에서 제1차 세계대전 중에 망상해낸 요새 파괴 병기 오보이였습니다.

　이것은 **전장 600m, 최고 시속 500km/h인 구체로 모든 것을 짓뭉갠다고 하는 터무니없는 병기**였습니다. 다시 말해, 도쿄 스카이트리만한 초거대 럭비공을 리니어 모터카와 비슷한 속도로 굴린다는 것으로, 너무도 지나친 망상이었던 나머지 계획이 중지되고 말았다고 합니다.

제 **3** 장

유감스러운
지상 병기

초중전차 마우스

사상 최강의 전차는
너무 무거워서 도로까지 박살

📷 프로필

- 전장······10.1m
- 최대 장갑······240mm
- 무게······188t
- 무장······128mm 전차포 × 1, 75mm 전차포 × 1

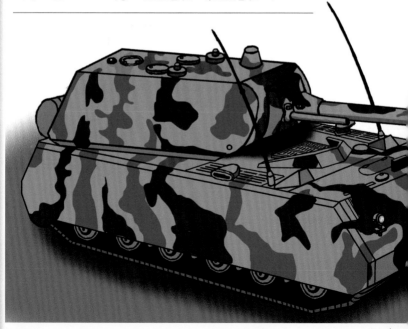

상대보다 강한 전차를 만들면, 전쟁을 유리하게 이끌 수 있다. 이러한 발상을 극한까지 추구했던 독일에서는 제2차 세계대전 중에 세계 최대의 전차를 만들어냈습니다. 바로 마우스(Maus) 였지요.

마우스의 주포는 128mm포였으며, 장갑은 최대 240mm나 됐습니다. 당시에 이만한 공격력과 방어력을 갖춘 전차는 없었으며, 당연히 **이 전차를 격파할 수 있는 전차 또한 당시엔 존재하지 않았습니다.**

하지만 마우스는 무시무시한 전투력을 얻은 만큼, 무게 또한 엄청났습니다. 그 중량은 무려 188t(일반적인 승용차 188대분의 무게). 이런 전차로 달렸다가는 지나친 무게로 인해 도로가 망가질 것이며, **최악의 경우, 무게를 이기지 못해 지면에 가라앉아버릴 가능성이 있었기에,** 최종적으로는 2대의 시제차만이 만들어진 채로 끝났습니다.

또한, '마우스'라는 것은 독일어로 생쥐라는 뜻입니다만, 이것은 이 전차의 강력함을 적에게 들키지 않기 위해서 일부러 작은 동물의 이름을 붙여 그리 대단치 않은 전차임을 어필하려 했다는 설도 존재합니다.

강하긴 했지만, 그저 강하기만 해선 부족해.

█ █ AMX 40

가만히 보면
오리 비슷하지 않아?

 프로필

- 전장······5.33m
- 무게······18t
- 최대 장갑······60mm
- 무장······47mm 포 × 1, 7.5mm 기관총 × 2

개 발 **프랑스**   연 대 **1940년**

디자인의 프랑스!
전차 또한 디자인 중시?

　AMX 40은 프랑스가 제2차 세계대전 직전에 계획했던 전차입니다.
　전차의 방어력을 높이는 방법 가운데 하나로 차체 형태를 둥글게
하는 것이 있는데, 이것은 적의 포탄이 명중하더라도 둥근 몸체로 튕
겨내어 쉽게 당하지 않도록 하는 것입니다.
　이를 중시했던 프랑스에서는 차체와 포탑 모두 둥글둥글한 전차를
만들면 강할 것이라 생각했습니다. 그리고 그렇게 계획된 전차가 바
로 AMX 40이었지요.
　애초에 발상 자체는 좋았지만, 실제로 설계를 해보니 **마치 오리처**
럼 생긴 요상한 전차가 되어버리고 말았습니다.
　프랑스는 이 전차를 대량 생산하려 했으나, 제2차 세계대전에서 너
무도 빨리 항복한 탓에 끝내 만들어지지 못했습니다.

🇬🇧 프레잉 맨티스

이름의 유래는
'기도하는 사마귀'였지.

 프로필

- 전장……4.5m
- 높이……1.2～8.6m
- 최고 속도……48km/h
- 무장……7.7mm 기관총 × 2

개 발 영국　연 대 1944년

승무원이 멀미를 해서야
아무 쓸모가…

물체를 멀리 날릴 때, 보다 높은 곳에서 날릴수록 멀리 날아가는 법입니다. 이는 전차도 마찬가지로, 가능하면 높은 곳에서 멀리 포탄을 쏘는 쪽이 유리하지요.

그렇다고 해서, 전차의 전고를 높여버리면, 그만큼 적의 눈에 쉽게 띄게 됩니다. 그래서 영국에서는 평소에는 낮은 자세를 유지하다가 여차하면 바로 차체를 높이 올려 공격할 수 있는 전차를 만들었습니다.

'프레잉 맨티스(Praying Mantis)'는 문자 그대로 '기도하는 사마귀'라는 뜻입니다. 이 전차는 차체를 최대 8.6m까지 들어 올릴 수 있었는데, 이 모습이 마치 사마귀를 닮았기에 이런 이름이 붙었습니다. **차체 앞에는 기관총 사수가 엎드린 자세로 탑승했습니다.** 차체를 들어 올려 적을 공격하게 됩니다만, 익숙지 않은 자세에 차체도 덜컹덜컹 불안정했기에 **승무원은 배멀미… 아니, '전차 멀미'를 하게 되었다고 합니다.** 결국 병기로서는 아무 쓸모가 없었기에 개발은 중지되고 말았습니다.

🇺🇸 스켈톤 탱크

 프로필

- 전장……7.62m
- 무게……7.26t
- 최고 속도……8km/h
- 무장……37mm포(또는 기관총)

개 발 미국   연 대 1918년

지나친 다이어트로
뼈대만 남다

제1차 세계대전 때 첫 등장한 전차는 참호를 넘어야 했기에 차체가 길어졌고, 때문에 무거워졌다는 문제를 안게 되었습니다. 미국에서는 이런 문제를 인식하고, 마크 I 전차를 최대한 경량화하여 경쾌한 전차를 개발하고자 했습니다.

하지만, 전차를 가볍게 만들기 위해서는 무장이나 장갑을 덜어내야만 했습니다. 그야말로 **다이어트**였지요.

이렇게 한계까지 중량을 덜어낸 결과, 차체는 조종실, 포탑, 엔진만을 남긴 골조 형태가 되었고, 그 주위를 캐터필러로 둘러싼 **뭔가 많이 비어 보이는 전차**가 완성되었습니다.

이 스켈톤 탱크는 마크 I 전차와 비교했을 때, 1/4까지 중량을 감소시켰고, 성능도 나쁘지 않았습니다. 하지만 이 전차가 완성되었을 무렵에는 이미 1차 대전이 끝나고 말았기에 어디에도 쓸 곳이 없게 되어버리고 말았습니다.

 # TV-1

도저히 무서워서 공격 불가!…
원자로 탑재 전차

개 발 미국　　연 대 1950년대

TV-1은 미국이 1950년대에 계획했던 무시무시한 전차입니다.

이 전차를 잘 보면 뭔가 차체 부분이 크게 부풀어오른 형상을 하고 있지요? 실은 이 안에 원자로가 탑재되어 있었습니다. 즉, 무려 원자력 발전소와 같은 구조의 엔진이 탑재되어 있고, 핵에너지를 이용해 달리는 전차였다는 것이었지요.

덕분에 **이 전차는 500시간 이상을 달릴 수 있었고,** 논스톱으로 미 대륙을 횡단할 수 있을 정도의 힘을 갖추고 있었습니다.

그야말로 꿈의 전차라 할 만하지만, 한 가지 문제가 있었습니다. 원자로가 조종석 앞에 그대로 탑재되어 있었기에, 적의 공격을 받으면 원자로도 파괴될 수 있다는 무서운 단점을 안고 있었던 것이죠.

이것이 너무도 치명적인 문제였기에, 결국 개발은 중지되었습니다.

불룩한 모양의 차체가 매력 포인트랄까?

📷 프로필

- 전장……7.53m
- 높이……3.4m
- 최대 장갑……120mm
- 무장……90mm포 × 1

TV-8

차체는 내다버리는 것!
포탑에 목숨을 건 괴전차

📷 프로필

- 전장……8.9m
- 무게……25t
- 높이……2.9m
- 무장……90mm포 × 1

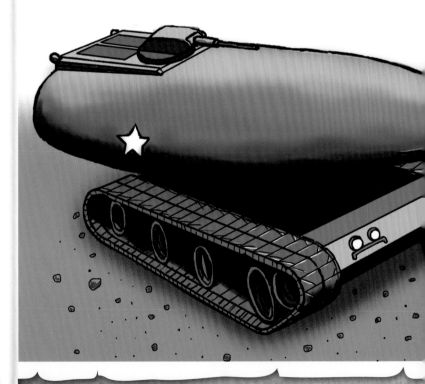

| 개 발 | 미국 | 연 대 | 1950년대 |

전차 중에는 **물에 떠서 하천을 건널 수 있는 수륙양용전차**라는 것
이 있습니다만, TV-8도 그런 전차 중 하나였습니다.

이 전차의 특징은 주행 이외의 모든 기능을 포탑에 넣었다는 것입
니다. 승무원, 주포, 엔진까지, 전차의 필수 기능 모두를 포탑에 집약
하여 물에 뜰 수 있게 한 것이지요. 때문에 일반적인 전차에 비해 비
정상적일 정도로 포탑이 크고 길게 만들어졌습니다.

포탑이 큰 만큼, 차체는 빈약하기 그지없었는데, 캐터필러밖에 달
려있지 않은 이 차체는 필요에 따라 분리할 수도 있었습니다. 즉, 이
전차의 차체는 쓰고 버리는 것이었죠. 덧붙여서 엔진은 TV-1과 마찬
가지로 원자로를 사용할 예정이었지만, 병기로서는 도저히 쓸 수가
없었기에 개발은 중지되었습니다.

다리 따윈
장식이라고요!

■ 다빈치의 원형 전차

대포는 잔뜩 달렸지만
전진 불가능

이탈리아를 대표하는 **천재 화가 레오나르도 다빈치는 발명가이기도 해서, 다수의 도안을 남겼는데, 그중 하나로 전차도 있었습니다.** 다빈치가 생각한 전차는 UFO처럼 둥근 모양을 하고 있었고, 주위를 한 바퀴 두른 형태로 대포가 달린 굉장한 물건이었습니다. 차체는 금속으로 덮여 적의 공격이 통하지 않았고, 상부에는 감시대까지 설치되었지요.

하지만, 사실 이 전차에는 중대한 결함이 있었습니다. 이동을 위해 4개의 바퀴가 달려 있었지만, **당시에는 전기도 엔진도 개발되지 않았던 시대였기에 8명의 사람이 인력으로 바퀴를 굴려야만 했기 때문이죠.**

게다가 설계에도 치명적인 실수가 있었습니다. 실제로 완성하면 전진은 못하고 계속 뒷걸음만 하게 되는 구조였기 때문이었습니다.

 프로필

- 분류······장갑차   ■ 무장······불명
- 전장······불명

헬리콥터의 원리

레오나르도 다빈치

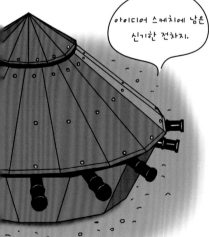
아이디어 스케치에 남은 신기한 전차지.

명화 「모나리자」

59

🇫🇷 루이 보와로의 전차

여명기의 전차는 캐터필러 괴물

전차가 탄생한 것은 제1차 세계대전이 계기였습니다만, 그런 '전차의 아버지'라 불릴 여러 선구자들 중에서도 프랑스의 기술자 루이 보와로(Louis Boirault) 박사의 아이디어는 정말 기절초풍할 것이었습니다.

"차체 주변을 커다란 강철 프레임으로 둘러싸고 덜컹덜컹 회전시켜 건물이나 진지를 짓밟아버리면 되지 않을까?"

보와로 박사는 이렇게 생각했습니다. 이거야말로 사상 최초의 발상이었죠.

하지만 그렇게 만들어진 '전차처럼 생긴 병기'는 정말 터무니없는 물건이었습니다.

아이디어 자체는 정말 좋았는데….

📷 프로필

- 전장……8m
- 높이……4m
- 최고 속도……3km/h
- 무장……없음

개 발 프랑스　　연 대 1910년대

　박사의 전차는 중앙의 차량에 조종석과 엔진이 있었고, 끝단에 있는 활차를 돌려 거대한 강철제 프레임을 캐터필러처럼 이용하여 전진하는 구조였습니다. 하지만, 너무 거대했기에 사람이 걷는 것보다 느린 시속 3km/h밖에 낼 수 없었던 것에 더해 방향 전환도 할 수 없었습니다. 보와로 박사는 2호차까지 제작했지만, 이쪽은 시속 1km/h로 훨씬 느렸고, 결국 1호차와 2호차 모두 채용되지 못했습니다.

　아이디어는 정말 재미있었지만, 실현하기는 너무도 어려웠던 불운의 '전차'라 할 수 있겠습니다.

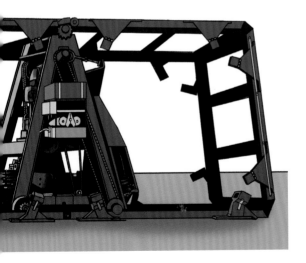

🇬🇧 아처 대전차 자주포

뒤로 '전진'하는 다루기 번잡스런 자주포

　아처 대전차 자주포는 영국이 제2차 세계대전 중에 개발한 전차 가운데 하나입니다.

　이 전차에는 당시 영국 최강의 전차포였던 17파운더가 탑재되었습니다. 차체는 발렌타인 보병전차라는 소형 전차의 것을 사용했는데, **작은 차체에**

| 개발 영국 | 연대 1943년 |

📷 프로필

■ 전장……6.7m　　　■ 높이……2.25m　　　■ 최고 속도……32km/h
■ 무장……76.2mm 17파운더포, 브렌 7.7mm 기관총 × 1

전향적 후퇴가
가능한 전차죠.

커다란 주포를 올릴 공간이 마땅치 않았기에 차체 뒤쪽을 향하도록 하는 좀 무리한 방법이 사용되었습니다.

그 결과, 이 전차는 앞과 뒤가 반대가 되어버렸고, 전진이 후퇴처럼 보이는 좀 번잡스런 구조가 되고 말았습니다.

하지만 실전에서는 차체가 작아 눈에 띄지 않는다는 이점을 살려 매복 사격을 하는 등의 활약을 할 수 있었다고 합니다.

☭■ A-40 안토노프

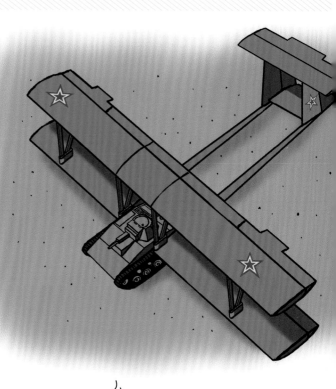

> 전차로 하늘을 나는 건
> 역시 무리였어….

 프로필

- ■ 전장……12m
- ■ 전폭……18m
- ■ 무게……7.8t
- ■ 무장……20mm 전차포, DT 7.62mm 기관총

개 발 소련   연 대 1940년대

운송이 힘들어 전차에
날개를 달아봤습니다

전차의 여러 종류 가운데 하나로 '공수 전차'라는 것이 있습니다. 전용 수송기에 싣고 운송하여 착륙하자마자 곧바로 전투에 투입할 수 있는 전차를 말하는 것이지요. 하지만 소련에서는 수송기를 쓸 것이 아니라 아예 **전차 그 자체를 비행기로 만드는 건 어떨까** 라고 생각했습니다.

그런 발상으로 소련에서 개발된 것이 바로 A-40 안토노프. T-60 경전차에 거대한 주익과 꼬리날개를 붙여 좀 억지스럽지만 어떻게든 글라이더로 만든 진기한 차량이었습니다. 이 전차는 대형 항공기로 견인하여 전장으로 수송한 뒤, 착륙한 다음에는 글라이더 부분을 떼어내고 전투에 들어갈 예정이었습니다.

하지만, 아무리 가볍다 해도 전차는 전차. **역시 전차 그 자체를 하늘에 띄운다는 것은 무리**였기에 시험 비행 1회로 계획은 중지되었다고 합니다.

 P.1000 라테

이미지만으로는 세계 최강의 전차

전차라기보단
움직이는 성이랄까?

📷 **프로필**

- 전장……35m
- 무게……1,000t
- 높이……11m
- 무장……280mm포 × 2, 128mm포 × 1

　제2차 세계대전 중에 독일이 개발한 초중전차 마우스는 (실용화되었다는 전제하에서) 세계 최대이자 최강의 전차였습니다.

　하지만 그런 마우스보다 강력한 전차가 있었다면 어떨까요? 지상의 그 어떤 전차도 능가하는 전차로 독일에서 계획한 것이 바로 P.1000 라테(Ratte)였습니다.

　이 전차에는 전함의 주포가 그대로 탑재되었으며, 전차 포탄뿐만 아니라 그 어떤 공격도 다 튕겨내는 **무적의 전차**가 될 예정이었습니다. 중량은 약 1,000t을 예상하고 있었지만, 마우스도 자기 무게를 이겨내지 못했던 상황에서 라테에 그것이 가능할 턱이 없었고, 계획은 결국 중지되고 말았습니다.

 P.1500 몬스터

개발 독일 연대 1940년대

지상 최강도 이쯤 되면 망상 수준 입니다

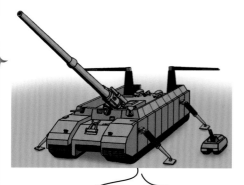

> 머리부터 끝까지
> 거대한 괴물 전차였지!

📷 프로필

- 전장……42m
- 높이……7m
- 무게……1,500t
- 무장……80cm포 × 1

라테보다 강력한 궁극의 초중전차. 그것이 바로 P.1500 몬스터였습니다.

이 전차는 제2차 세계대전 중에 독일에서 구상했던 초중전차 가운데 가장 크고, 가장 현실 구현이 불가능한 전차였습니다.

이 전차의 주포는 무려, 80cm 열차포에 사용된 거대한 대포였습니다. 즉, 80cm 열차포를 전차로 만들어보자는 발상이었던 것이죠.

무게가 라테를 한참 넘어선 1,500t(일반 승용차 1,500대분)에 달했기에, 이런 터무니없는 망상이 통할 리 없었고, 곧바로 계획은 중단되었습니다.

유감 레벨 ☹ ☹ ☹

🇳🇿 밥 셈플

개 발 뉴질랜드 연 대 1942년

이런 전차라도 없는 것보단 나았지.

트랙터에 함석판을 누덕누덕 붙여봤습니다

 프로필

- 전장……4.2m
- 최고 속도……12km/h
- 높이……3.65m
- 무장……7.7mm 기관총 × 6

대전 이전까지 뉴질랜드는 영국에서 전차를 받아왔지만, 제2차 세계대전으로 일본이 오세아니아를 침공하자, 서둘러 자국산 전차를 만들고자 했습니다.

하지만, 당시의 뉴질랜드는 전차는커녕 자동차조차 만들 수 없는 소국이었기에, 완성된 전차는 **트랙터에 철판을 붙이고 기관총을 단 것이 고작인 물건**이었습니다. 이런 전차로 싸울 수는 있는 것일까…라고 고민할 무렵, 이미 일본은 전쟁에 패했고 이 전차가 실전에 투입되는 일은 없었다고 합니다.

제 **4** 장

유감스러운
해상 병기

🔴 중뢰장함

📷 프로필

- 전장……162.2m
- 배수량(기준배수량)……5,100t
- 무장……61cm 4연장 어뢰발사관 × 10(합계 40문)

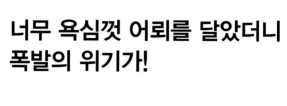

너무 욕심껏 어뢰를 달았더니 폭발의 위기가!

구 일본 해군에는 어뢰 공격에 특화된 중뢰장함이라는 함선이 있었습니다.

어뢰라는 것은 폭약과 스크루가 탑재된 가늘고 긴 원통형 병기로, 군함에서 투하되면 수중으로 나아가 목표를 파괴하는 것입니다. 보통의 어뢰는 그 구조상, 수중에서 움직일 때 거품을 내기에 적에게 발각되기 쉽다는 단점이 있었지만, 일본은 그런 거품이 잘 나오지 않는 개량된 어뢰인 산소어뢰를 개발했습니다.

이렇게 어뢰 개발에 집착했던 일본은 **한계까지 어뢰를 싣고 대량의 적을 격파할 수 있는 군함을 만들었습니다.** 그것이 바로 중뢰장함이었지요. 보통의 군함이 한 번에 3~4발밖에 어뢰를 쏠 수 없었던 것과 달리, 이 군함은 무려 최대 40발의 어뢰를 쏠 수 있었습니다.

하지만, 바꿔 말하면 이 군함에는 대량의 폭약이 실려 있어, **기관총 따위에 잘못 맞기만 해도 어뢰가 대폭발, 굉침하고 말 위험을 안고 있다는 얘기이기도 했습니다.** 제2차 세계대전은 비행기가 전쟁의 주역이 된 전쟁이기도 했기에 이 함선이 활약할 기회는 없었습니다.

이(伊)400형 잠수함

당시의 잠수함 중에선 가장 컷다고!

 프로필

- 전장……122m
- 배수량(기준배수량)……3,530t
- 무장……14cm포 × 1, 53cm 어뢰 × 20
- 탑재기수……3기

지구 반대편까지
비행기를 운반할 수 있었지만

제2차 세계대전 이전의 잠수함 중에는 비행기가 탑재된 것도 있었습니다. 이것은 전장 상공을 정찰하기 위한 것으로, 모두가 공격용 비행기인 것은 아니었지만, 일본은 이런 운용 방법을 한층 발전시켜 **잠수함에 공격기를 탑재한 잠수항모를 개발했습니다.**

이렇게 해서 태어난 이400형 잠수함은 당시 세계 최대의 잠수함으로, 지구를 한 바퀴 반이나 돌 수 있을 정도로 항속거리가 길었습니다. 다시 말해 **지구상의 어디라도 공격 가능하며, 공격 후에는 그대로 다시 일본으로 돌아올 수도 있다는 것이었죠.** 탑재된 비행기는 특수공격기인 세이란(M6A 晴嵐)으로, 800kg 대형 폭탄을 투하할 수 있었습니다.

이400형 잠수함은 세이란을 이용하여 남북 아메리카 대륙을 잇는 파나마 운하를 공격할 예정이었습니다. 3척이 건조되었지만, 제2차 세계대전 말기인 1945년에 겨우 완성되었기에 거의 활약할 기회를 얻지 못한 채 종전을 맞았습니다.

50만t 전함

개 발 일본   연 대 1910년대

어느 날, 커다란 배를 짓는 꿈을 꾸었습니다

세계 최대의 전함이라 한다면 일본이 건조했던 야마토급 전함을 들 수 있습니다. 하지만, 일본은 그 이전에 훨씬 거대한 전함을 계획했던 적이 있었습니다.

일본이 자국에서 전함을 건조하기 시작한 시기는 메이지 말기인 1910년대이며, 그 이전까지는 영국 등에서 전함을 구매했습니다.

당시의 일본에는 여러 척의 전함을 만들 기술도 자금도 없었기에 "보통 전함 25척을 만드느니 초거대 전함 1척을 만드는 게 낫다"라는 발상이 나왔습니다. 이에 따라 구상된 것이 바로 50만t 전함이었습니다.

이 전함은 **배수량이 무려 50만t에 전장이 600m를 넘었으며, 주포로 41cm 포 200문 이상을 탑재하는 괴물 전함**이었습니다. 당시의 전함은 41cm포 8문이 주류였습니다.

상상하기도 어려울 이 초거대 전함 앞에선 어떤 군함도 상대가 될 리 없었겠습니다만, **오늘날에도 배수량 50만t을 넘는 배는 거대 유조선 정도가 고작으로, 아주 드문 편입니다. 하물며, 당시의 일본에 그런 배를 만들 재주 따위는 없었죠.** 그랬기에 결국 망상으로 끝나고 말았습니다.

📷 프로필

- 전장······609m(1,017m라는 설 있음)　　■ 배수량······50만t 이상
- 무장······41cm포 × 200 이상, 14cm포 × 200, 어뢰 발사관 × 200

에크라노플랜

배와 비행기의 장점 결합에 실패

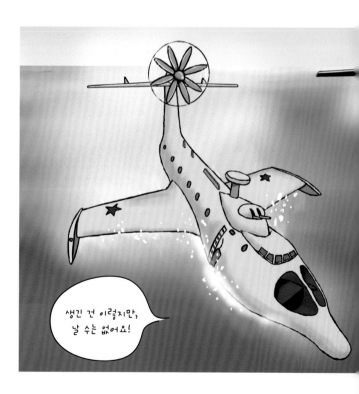

개발 소련　　연대 1970년대

　배는 대량의 화물을 운반할 수 있지만 속도가 느리며, 비행기는 속도가 빠르지만 나를 수 있는 화물은 적은 편입니다. 이러한 배와 비행기의 장점만을 따서 만든 병기가 바로 소련에서 개발한 에크라노플랜(Ekranoplan)이었습니다.

　에크라노플랜은 **겉보기엔 비행기처럼 생겼지만, 어디까지나 배였기에 하늘을 날 수 없습니다.** 그 대신 호버크래프트처럼 수면 아슬아슬한 위를 고속으로 이동할 수 있었는데, 육상 동물에 빗대보자면 타조 비슷하다고 할 수 있을 것입니다.

　소련은 대량의 병력과 전차를 신속히 전장으로 투입하기 위해 이 병기를 활용하려고 했습니다. **완성된 에크라노플랜은 그 성능과 외형 때문에 '카스피 해의 괴물(Caspian Sea Monster)'이라는 별명으로 불리며 두려움의 대상이 되었죠.** 하지만 현재, 이런 형태의 병기는 거의 찾아볼 수 없게 되었습니다.

　그 이유는 우선 이 병기를 운용하기 위해서는 전용 항만 설비가 필요했으며 여기에 더하여 선체 강도가 약했기에 파도가 거칠어지면 균형을 잃고 침몰하게 된다는 등의 단점이 있었기 때문이라고 합니다.

 프로필

- 전장……92m
- 탑재량……494t
- 최고 속도……500km/h
- 무장……없음

77

☭ 우샤코프의 비행 잠수함

앞에 달린 프로펠러는
수중에서 스크루로 쓰였지.

 프로필

- 전장······약 20m
- 최고 잠수 심도······45m
- 최고 속도······185km/h
- 무장······45.7cm 어뢰 × 2

78

실현되었다면 최고였을
하늘을 나는 잠수함

　공상과학물을 보면 하늘과 바다를 자유로이 이동하는 군함이 심심치 않게 등장합니다. 그런데 현실 세계에서도 이러한 군함이 구상된 적이 있었습니다. 그중에 한 예가 바로 '우샤코프의 비행 잠수함'이었습니다.

　이것은 1930년대에 보리스 M. 우샤코프라는 기술자가 구상한 것으로, 비행기와 잠수함을 합체시킨 병기였습니다. 겉모습은 프로펠러가 셋 달린 대형 비행기입니다만, 조종석 위쪽으로 잠망경이 뻗어 나온 것이 특징이었습니다. 전장까지는 비행기의 힘으로 하늘을 날고, 전장에서는 잠수함처럼 잠수하여 적함을 어뢰로 공격할 예정이었습니다.

　하지만 역시 비행기와 잠수함은 너무도 다른 병기체계였기에, 둘을 조합하는 것은 무리였습니다.

　비행기는 하늘을 날아야 하기에 최대한 무게를 가볍게 할 필요가 있었던 반면, 잠수함은 바다 속을 잠수해야 했기에 무겁게 해야만 했기 때문입니다.

　이 모순을 해결하지 못한 채, 우샤코프의 비행 잠수함은 계획만으로 그치고 말았습니다.

🇬🇧 빙산 항모 하버쿡

얼음으로 만든 항모. 부서져도 바로 고칠 수는 있지만…

　제2차 세계대전 중, 연합국은 흔히 U보트라 불리는 독일 잠수함의 공격으로 골머리를 앓았으며, 이에 반격할 방법을 찾고 있었습니다. 이 이야기를 들은 제프리 N. 파이크 박사는 정말 터무니없는 계획을 제안했습니다. **바로 얼음으로 만들어진 거대한 항공모함, 통칭 '빙산 항모 하버쿡(Habbakuk)'이었습니다.**

　이 항모는 전장이 약 600m나 됐으며, 항모라기보다는 인공섬에 더 가까운 특성을 보였습니다. 재료는 거의 대부분이 얼음덩어리로, 파이크 박사는 얼음과 목재를 섞은 콘크리트, 아니 '파이크리트(Pykrete)'라는 것을 만들어내 배의 재료로 사용하고자 했습니다. 얼음은 언젠가 녹게 되지만, 내부에 냉각기를 대량으로 설치해서 배의 형태를 유지하고, **만약 적의 공격으로 손상을 입는다고 하더라도 바닷물을 얼린 것으로 수리할 수 있었기에 절대 가라앉지 않는다는 것이 이 항모의 세일즈 포인트였습니다.**

　곧바로 미국, 영국, 캐나다 3국이 협력하여 계획을 시작했습니다만, 실제 만들어보니 운용에 대단히 많은 돈이 들어간다는 것이 판명되면서 계획이 '동결'되고 말았습니다.

개 발 영국   연 대 1943년

얼음으로 되어 있어
가라앉지 않지!
지구를 생각한
친환경 병기라고!!

제프리 파이크 박사

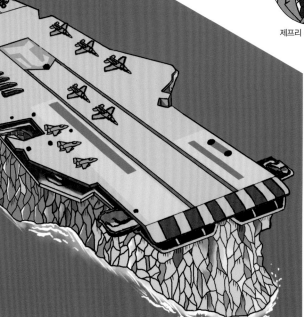

 프로필

- 전장……약 600m
- 배수량……200만t
- 최고 속도……18km/h
- 탑재기수……150기

81

 원형 포함

개 발 러시아 제국	연 대 1870년대

포탄이 닿는 곳은 강물의 흐름에 따라서

> 이 둥글둥글함이 멋진 거라고요.

📷 프로필

- 전장……30.8m
- 무장……27.9cm 포×2
- 배수량(통상 배수량)……2,531t

　세상의 온갖 별난 군함을 꼽으라 할 때, 원형 포함 노브고로드를 빼놓을 수 없을 것입니다. 원래 배라고 하는 것은 가늘고 긴 형태를 띠는 것이 보통이지만, **이 군함은 놀랍게도 둥근 원형이었기 때문입니다.**

　물 위에 물체를 띄울 때는 둥근 형태인 쪽이 안정적입니다. 러시아 제국에서는 바로 여기서 힌트를 얻어 노브고로드라는 원형 포함을 만들었습니다. 강 위에 이 배를 띄우고 지상의 목표에 포격을 가하는 '포함'으로 사용할 예정이었죠.

　하지만, 배가 둥근 형태였기에 **물의 흐름과 맞닿게 되면 빙글빙글 돌아버렸기 때문에** 아무런 쓸모가 없었다고 합니다.

제 **5** 장

유감스러운
항공 병기

🇬🇧 볼튼 폴 디파이언트

앞쪽으로 쏠 수 없으면
의미가 없지.
정말 후퇴지향적 전투기랄까.

📷 프로필

- ■ 분류……전투기　　■ 전장……10.77m　　■ 항속거리……750km
- ■ 최대 속도……489km/h　　■ 무장……7.7mm 기총 × 4

목숨이 아깝다면
내 뒤에 서지 마라!

영국에서 개발한 디파이언트(Boulton Paul Defiant) 전투기는 뒤에만 무장이 달려 있는 것으로 유명한 전투기입니다.

기체의 조종 담당과 기총 담당을 따로 두면 각자의 임무에 전념할 수 있을 것이라 생각한 영국에서는 조종석 바로 뒤에 기총을 집중 배치, 넓은 시계를 통해 적을 공격할 수 있는 전투기를 개발했습니다.

그런데, 이 전투기… 당연한 얘기겠지만 조종석이 방해가 되어 앞으로는 기총을 쏠 수가 없었습니다. 게다가 욕심을 부려 기총을 4자루나 달았기에 기체가 무거워져 다른 전투기에 비해 속도도 좀 느렸지요.

제2차 세계대전이 시작되자 최신예 전투기로 독일군 전투기에 맞섰으나 이러한 결함 때문에 완패하고 말았습니다. 참고로 디파이언트라는 말은 '도전적이다'라는 뜻입니다만, 이 도전은 대실패로 끝나고 말았습니다.

🇺🇸 XF5U(V-173)

팬케이크가
하늘에서 습격해오다!

비행기의 날개 가운데 한 종류로 원형익이라는 것이 있습니다. 날개를 원반 모양으로 만들면 날개의 면적이 늘어나면서 양력을 얻기 쉽게 되는 것이지요.

XF5U는 미 해군이 개발했던 함상 전투기로, 원반형의 신기한 날개가 달려 있었습니다. 평평한 동체는 날개와 일체화되었으며, 그 끝에 꼬리날개와 조종석, 프로펠러 등이 튀어나와 있어 하늘을 나는 팬케이크라는 별명으로 불렸습니다.

참신한 형태에 성능도 양호했기에 곧바로 양산…에 들어갈 예정이었습니다만, 정말 유감스러운 것은 바로 개발된 시기였습니다. 이 비행기가 개발된 1944년에는 이미 제트기가 등장했기에, 프로펠러기를 개발할 필요가 없어졌고, 이로 인해 XF5U의 양산은 중지되고 말았습니다.

만약 등장이 조금만 빨랐다면 이 하늘을 나는 팬케이크가 대량으로 전장을 누비는 모습을 볼 수 있었을지도 모르는 일입니다.

미국   1944년

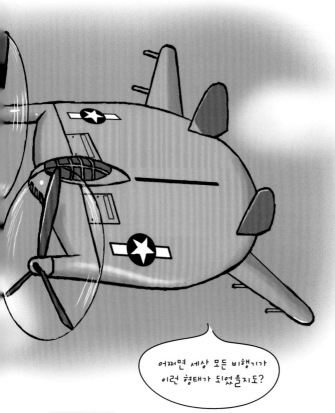

어쩌면 세상 모든 비행기가
이런 형태가 되었을지도?

 프로필

- 분류……전투기
- 전장……8.57m
- 항속 거리……1,685km
- 최고 속도……765km/h
- 무장……12.7mm 기총 × 6

F-82 트윈 머스탱

역시 천조국!
비행 중에도 휴식이 가능한
직장입니다

B-29와 같은 전략 폭격기는 먼 거리를 비행, 폭격 임무를 수행합니다. 폭격기를 호위하는 호위 전투기의 조종사는 그동안 계속 혼자서 기체를 조종해야만 하기에 무척 부담이 컸습니다.

이런 이유에서 미군에서는 조종사의 부담을 줄일 수 있도록 2명이 교대로 조종할 수 있는 전투기를 개발하려고 했습니다. 그리고 그 결과, 보통 전투기를 옆으로 2대 연결해버린 괴상한 모습의 전투기가 만들어졌습니다.

F-82 트윈 머스탱은 P-51 머스탱이라는 전투기를 날개끼리 이은 형태를 하고 있습니다. 물론 조종석도 2개였기에 어느 한 쪽이 휴식을 취하고 있더라도 다른 쪽 조종사가 계속 조종을 할 수 있었지요.

언뜻 보기엔 합리적인 생각이었지만, 역시나 두 전투기를 직접 붙여버리는 것이 쉬운 일만은 아니었습니다. 결국 날개를 재설계하고 엔진을 조정하는 등, 보통 전투기를 만드는 것보다 훨씬 손이 많이 갔다고 합니다.

89

▮▮ 스티파 카프로니

 프로필

- 전장······5.5m
- 비행 거리······불명
- 최고 속도······131km/h
- 무장······없음

개 발 이탈리아   연 대 1930년대

제트기의 조상은 직진밖에 할 수 없었다

스티파 카프로니(Stipa-Caproni)는 1930년대에 이탈리아에서 개발된 실험기입니다.

이 기체는 원통 모양의 형태가 특징입니다. 마치 **두루마리 휴지의 심에 조종석과 날개를 붙인 것과 같은 모습**을 하고 있었는데, 이렇게 된 데는 이유가 있었습니다.

스티파 카프로니의 동체는 가운데가 뻥 뚫린 구조를 하고 있었고, 그 안에 엔진과 프로펠러가 숨겨져 있었습니다. 프로펠러를 돌려 바람을 일으키면, 그 바람은 동체에서 매끄럽게 뒤를 향해 흐르고, 그 힘을 이용하여 앞으로 전진한다는 것이었죠. 하지만 당시의 기술로는 프로펠러를 작게 만들기가 어려웠기에 이런 모습을 하게 된 것이라고 합니다.

사실, 이 기체는 **원리적으로는 제트엔진에 가까운 구조를 하고 있는, 대단히 선진적인 비행기였습니다.**[*] 기체 성능도 안정적이었으나, 바람을 직후방으로만 내보내는 구조였기에 앞으로 **전진만 가능하고 좌우로 방향을 틀기가 매우 어려웠다고 합니다.**

---

*프로펠러를 원형의 틀 안에 넣는다는 발상도, 현대에는 호버크래프트 등에 활용되고 있습니다.

🇬🇧 마일즈 리베룰라

개발 영국 　 연대 1940년대

만드는 법이 완전히
잘못됐다고밖에는…

　마일즈 리베룰라(Miles Libellula)는 제2차 세계대전 중에 영국에서 만들어진 실험기입니다.

　이 비행기의 특징은 **누가 보더라도 설계를 잘못한 것이 아닐까 의심할 기묘한 형태를 하고 있다는 점입니다.** 주익은 앞뒤로 2장이 붙어 있으며, 앞쪽 날개는 기체를 안정시키는 역할을 했습니다.*

　리베룰라는 탠덤윙의 테스트를 위한 실험기였습니다만, 정식으로 채용되었을 때는 폭격기가 될 예정이었습니다. 때문에 동체에는 폭탄을 투하할 수 있는 구멍이 있었지요. 그리고 사실은 항모에 탑재할 비행기로 개발되었다는 설도 존재합니다.

　M.35와 M.39B의 두 종류가 개발되었습니다만, 양쪽 모두 시제기 단계에서 끝나고 말았습니다. **무슨 생각으로 비행기의 파츠를 배치하면 이런 물건이 나오는 건지 아리송할 따름입니다.**

 프로필

- 전장……6.7m
- 무장……20mm 기관포 × 2 ※M.39B에 탑재
- 최고 속도……164km/h

---

*이런 종류의 날개를 탠덤윙(Tandem Wing)이라고 합니다.　93

호르텐 Ho 229

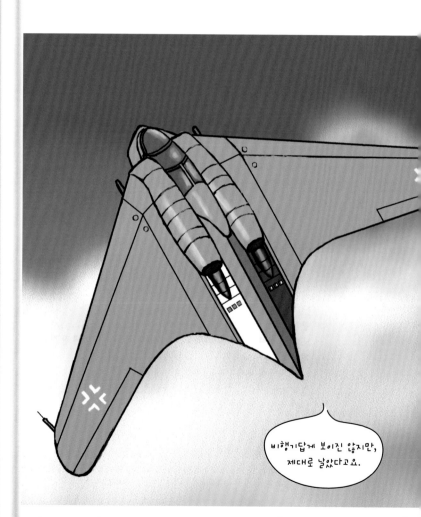

개 발 **독일**　　　연 대 1940년대

너무 일찍 태어난 스텔스기

비행기의 한 종류로 '전익기'라는 것이 있습니다. **동체도 꼬리 날개도 없고, 오직 거대한 주익 한 장으로 이뤄진 비행기**를 말하는 것으로, 현대에는 B-2 스텔스 폭격기가 유일하게 실용화된 비행기이지요. 하지만 독일에서는 **제2차 세계대전이 한창이던 중에 이런 전익기 개발에 도전**했던 적이 있었습니다. 그리고 이 개발을 담당했던 것이 바로 형인 발터와 동생 라이마 호르텐 형제였지요.

호르텐 Ho 229는 독일이 시험 제작한 전익형 스텔스 폭격기입니다. 이 기체는 1t의 폭탄을 싣고 시속 약 1,000km/h를 내는 비행기로 개발이 진행되었습니다. 기체를 전익기로 만든 이유는 공기 저항을 줄이고, 조금이라도 속도를 올리기 위한 것이었죠. 또한 **이 비행기는 세계 최초의 스텔스기로, 적의 레이더에 잘 잡히지 않았습니다.**

하지만, 이 비행기는 독일이 전쟁에 패하면서 개발이 중지되었습니다. 사용된 기술이 너무 시대를 앞질러 나갔기에 실용화되지 못한 비행기라고도 할 수 있지요.

 프로필

- 전장……7.5m
- 최고 속도……977km/h
- 무장……30mm 기관포 × 2
- 폭탄 탑재량……500kg × 2

트리프플뤼겔

개 발 독일   연 대 1940년대

날아오른 건 좋았지만
돌아갈 방법이 없다

트리프플뤼겔(Triebflügel)은 제2차 세계대전 중에 독일에서 개발한 비행기입니다. 활주로를 사용하지 않는 비행기로 개발된, 수직이착륙기(VTOL)의 선조라고 할 수 있지요.

이 기체는 세 장의 주익 끝에 제트엔진이 달려 있는 것처럼 보입니다만, 사실은 주익이 아니라 한 장의 거대한 프로펠러입니다. 즉, **이 기체의 프로펠러는 조종석 뒤에 동체와 일체화되어 있었으며, 이것을 제트엔진의 힘으로 회전시켜 비행한다는 것이었죠.**

대체 왜 평범하게 제트엔진을 사용하여 비행하려 하지 않았으며, 왜 프로펠러에 집착한 것이었을까요? **아니, 애초에 이 비행기가 제대로 날기는 했을지, 그리고 어떻게 착륙을 했을지도 수수께끼입니다.**

이런 문제를 잔뜩 안고 있었기에, 시제기도 만들어지지 못했으며, 독일이 패전하면서 개발 계획 또한 중지되고 말았습니다.

 프로필

- 전장……9.15m
- 무장……30mm 기관포 × 2
- 최고 속도……1,000km/h

 # 미스텔

한 번 쓰고 버리는
비행기형 폭탄

　미스텔(Mistel)은 제2차 세계대전 후반에 독일에서 만든 비행기폭탄입니다.

　원래 폭탄은 한번 투하되면 그냥 목표를 향해 낙하할 뿐입니다만, 바람이 세게 불기라도 하면 목표에서 빗나가는 일이 많았기에 **목표를 향해 자동으로 돌진하는 폭탄 시스템**을 독일에서 고안해냈습니다. 바로 **비행기 그 자체를 폭탄으로 개조**한다는 발상에서 말이죠.

　미스텔은 전투기와 폭격기를 상하로 붙인 형태를 하고 있습니다. 조종사는 위쪽의 전투기에 탑승, 전장에서 아래에 달린 폭격기를 투하했는데, 폭격기에는 폭탄이 가득 실려 있었고, 목표를 향해 비행하면서 서서히 떨어져 갔습니다.

　폭탄에 날개가 달렸으니, 쉽게 명중시킬 수 있을 거란 생각이었겠지만, **실제로는 아래의 폭격기가 너무 무거워, 전장에서 느긋하게 폭탄을 떨어뜨릴 여유가 없었습니다.** 발상 자체는 현대의 미사일에 가까운 것이었지만, 미스텔이 활약할 기회는 별로 없었다고 합니다.

 프로필

■ 제조……약 250기　　■ 탑재 폭탄……1.8t

미스텔이라는 건
'겨우살이'라는 뜻이죠.

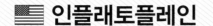 인플래토플레인

개 발 미국   연 대 1956년

한 집에 한 대!
풍선 비행기!

구멍이 뚫리면 끝? 날개달린 풍선.

 프로필

- 전장……5.97m
- 항속 거리……708km
- 최고 속도……113km/h
- 무장……없음

둥실둥실 떠다니는 풍선. 미국에서는 일찍이 풍선처럼 부풀려 사용하는 고무 비행기를 만든 적이 있었습니다.

비행기를 언제든지 날릴 수 있도록 하는 것은 생각 외로 어려운 일입니다. 하지만 풍선이라면 그 자리에서 바로 공기를 넣어 부풀리기만 하면 끝. 어디서든 만들 수 있지요. 그리고 공기를 빼면 보관 장소 걱정도 없고, 운반도 편리합니다.

하지만, 이 비행기의 최대 단점은 기체 강도에 있었습니다. **애초에 풍선이었기에 조금이라도 구멍이 뚫리면 공기가 빠져 납작해지기 때문이었죠.** 결국 시제기 단계로 끝나게 되었습니다.

▮▮ SNCAO ACA-5  개발 프랑스 연대 1944년

개복치처럼
얇고
둥글게 하면
빨리 날 수
있을까?

뭘 착각했기에
이런 형태가
된 걸까?

 프로필

- ■ 전장……7.1m
- ■ 높이……4.5m
- ■ 최고 속도……불명
- ■ 무장……불명

제2차 세계대전 종전 직전에 프랑스에서 계획한 비행기입니다.

이 기체는 **동체가 개복치처럼 얇고 넓적한 형태**를 하고 있는 것이 특징입니다. 동체를 얇게 만든 것은 공기저항을 줄이면 속도를 높일 수 있을 거라 생각했기 때문일지도 모르겠습니다. 조종석만이 앞으로 튀어나와 있고, 주익과 꼬리날개, 프로펠러 모두 뒤에 붙어 있었지요.

무리한 부분이 많은 설계였기에 모형이 만들어진 시점에서 계획은 곧 중단되고 말았습니다. **계획 시작부터 중지까지는 불과 2주밖에 걸리지 않았다고 전해집니다.**

XF-85 고블린

> 폭격기 안에
> 비행기를 넣으려 하다니,
> 설계자도 참 고생했겠네.

 프로필

- 전장……4.5m
- 높이……2.5m
- 최고 속도……1,069km/h
- 무장……12.7mm 기관총 × 4

개 발 미국   연 대 1948년

모기에서 분리되어 싸우는
꼬마 전투기

　전략 폭격기의 긴 비행거리를 전투기로는 따라갈 수 없다는 문제를 해결하기 위해, 트윈 머스탱과 같은 전투기가 만들어졌다는 것은 이미 앞에서 설명한 바 있습니다. 하지만, 제트기의 시대로 들어오면서 폭격기의 비행거리는 훨씬 길어졌고, 전투기로 이를 따라잡기는 더욱 어려워졌습니다.

　때문에 미국에서는 **"폭격기에 전투기를 수납하고, 공중에서 투하하면 되지 않을까?"**라고 생각했습니다. 이것이 바로 '기생 전투기(Parasite Fighter)' 계획이었지요. 그런데 보통의 폭격기에는 폭탄이 들어가기 때문에 폭탄처럼 둥근 전투기가 아니면 안에 넣을 수가 없었습니다. 그렇게 태어난 특수 전투기가 바로 XF-85 고블린이었습니다.

　자, 여기서 문제는 어떻게 폭격기로 돌아가는가 하는 것이었습니다. 고블린의 조종석 앞에는 크레인이 달려 있어, 이를 폭격기의 크레인에 걸어 회수할 예정이었죠. 하지만, **안 그래도 불안정한 공중에서 크레인으로 기체를 끌어당긴다는 것은 곡예에 가까운 일이었고, 성능도 평범 이하였기에 채용되지 못했습니다.**

XFY-1 포고

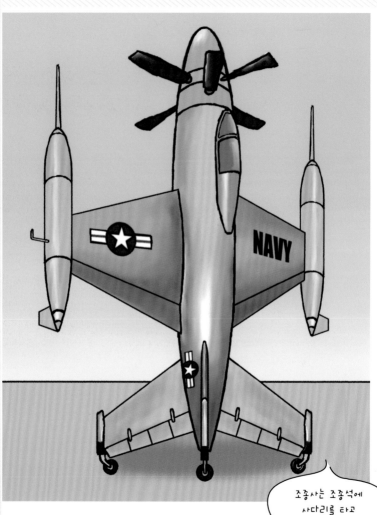

조종사는 조종석에 사다리를 타고 올라가야 했죠.

개 발 미국　연 대 1954년

지면이 보이질 않아
착륙 불가능

　활주로를 쓰지 않고 수직으로 이착륙하는 비행기를 VTOL기라고 합니다. 현대에는 실용화가 되어 있지만, 그 개발에는 긴 시간이 걸렸습니다. XFY-1 포고(Convair XFY Pogo)는 미국에서 만들어진 최초의 VTOL기 가운데 하나였습니다.

　현대의 VTOL기는 제트 엔진의 토출구(노즐)의 방향을 변환하여 이착륙과 비행을 실시하지만, 1950년대 당시에는 그런 기술이 없었기에 **기체를 세로로 세우고, 공중에서 기체의 방향을 다시 가로로 눕히는 방식**의 VTOL기가 만들어졌습니다.*

　포고는 미사일처럼 4장의 커다란 날개가 달려 있었고, 기체 형태도 세로로 세워진 모습이었습니다(참고로 조종사는 조종석까지 사다리를 타고 올라갔습니다). 이륙과 비행은 무리 없이 이뤄졌지만, 문제는 착륙이었습니다.

　착륙할 때는 공중에서 기체를 가로에서 세로로 되돌려야만 했던 데 더해, 조종사가 착륙 중에 지면을 볼 수가 없다는 것이 판명되었기 때문입니다. 그래서 결국 개발이 중지되고 말았습니다.

 프로필

- 전장……10.6m
- 무장……20mm 기관포 × 4
- 최고 속도……763km/h

 C450 클리옵테르 （개 발 프랑스 연 대 1959년）

엔진 위에 사람이 타는 로켓같은 비행기

실험기니까 이런 형태라도 OK인 거죠.

 프로필

- 전장……8m
- 비행 거리……불명
- 최고 속도……불명
- 무장……없음

　1950년대는 수직이착륙기(VTOL기)의 실험이 활발하게 이뤄진 시기였습니다.

　이 비행기는 거대한 제트 엔진 끝에 작은 조종석을 올린 듯한 모습을 하고 있었는데, 이쯤 되면 **비행기라기보다는 로켓에 더 가까운 형태**라 할 수 있겠습니다만, 작은 꼬리날개와 랜딩 기어가 4개 달려 있어 아슬아슬하게 비행기라 주장할 수 있다 하겠습니다.

　기체의 이륙도 마치 로켓처럼 발사대에 올려 실시되었습니다. 9회의 시험 비행이 이뤄졌으나 비행기로서의 성능은 거의 없다시피 했기에 실험도 종료되었습니다.

 델랑 10C2

개발 프랑스 독일 / 연대 1940년

프랑스군이 개발한 비행기, 독일군의 눈길을 끌다

비행기로서의 성능은 평범하게 나쁜 편이었지.

 프로필

- 전장……7.3m
- 최고 속도……550km/h
- 무장……20mm 기관포 × 1, 7.5mm 기관총 × 4

델랑 10C2는 프랑스의 마르셀 델랑 박사가 만든 비행기입니다. 앞뒤로 2장의 주익이 달려 있지만, 대단히 못생겼고, **가장 뒤에 달려 있는 조종석에선 거의 앞이 보이지 않는** 정말 유감스런 비행기였지요.

프랑스가 전쟁이 시작되고 얼마 지나지 않아 항복하고 말았기에 곧장 폐기될 예정이었습니다만, 독일군이 **너무도 특이한 모습에 흥미를 갖게 되면서 독일에서 개발이 이어졌고, 마침내 비행에 성공**했습니다. 하지만 그 이후에 어찌 되었는가는 알려지지 않았습니다.

107

BV 141 / BV P.202

리하르트 폭트 박사

놀랍게도 날개가
비스듬하게 조정됩니다.

BV P.202

잘 날긴 했지만,
엔진과 궁합이 안 맞아
채용은 실패….

개 발 독일   연 대 1938년

시야가 넓으니
정찰에는 안성맞춤

보통, 그렇게까지 의식하는 편은 아니지만, 일반적으로 비행기는 당연히 좌우대칭이라고 생각합니다. 왜냐하면 그렇게 하지 않으면 기체의 균형이 무너져 추락하기 때문입니다. 하지만, 그런 상식을 뛰어넘은 **좌우 비대칭기에 집착한 설계자**가 있었습니다. 바로 독일의 리하르트 폭트(Richard Vogt) 박사였지요. 그가 고안해낸 비행기 중에서도 가장 유명한 것이 BV 141이었습니다.

BV 141은 엔진과 조종석이 따로 분리된 독특한 형상을 하고 있었습니다. 시야가 넓은 정찰기를 만들겠다는 생각에서 나온 것으로, 확실히 이런 형태라면 엔진 부분에 방해를 받지 않고 넓은 시야 범위를 확보할 수 있었습니다. 문제라면 그 성능이었는데, **실제로 날려보니 의외로 안정되어 있었고, 경쾌하게 나는 모습은 관계자들을 놀라게 했습니다.** 결국 BV 141은 채용되지 못했지만, 폭트 박사는 이 경험을 살려 매우 참신한 비행기를 계속 설계해 나갔습니다.

📷 프로필

- 전장……13m
- 최고 속도……438km/h
- 항속 거리……1,900km
- 무장……7.92mm 기관총 × 2

BV P.111 / BV P.163

조종사와 기관총 사수를
따로 두는 것은,
디파이언트가 같은 실패를 했었지

BV P.163

날개 끝에 사람을 태우고
비행이라니, 진짜로?

　폭트 박사가 실제로 비행시킨 것은 BV 141이었지만, 박사는 그 외에도 여러 기체를 계획했습니다. 여기서는 그중 극히 일부를 소개해보도록 하겠습니다.
　이 비행기는 BV P.111이라는 것으로, 앞과 뒷부분이 각기 좌우로 어긋나게 배치되었습니다. **비행기를 가운데서 반으로 뚝 자른다면 이런 모양이 되지 않을까요.** 성능에 대해서는 확실하게 알 수 없지만, 과연 이 비행기가 제대로 날았을지 어떨지도 의심스러울 정도로 괴상한 모습을 하고 있었습니다.
　마지막으로 폭트 박사가 고안한 비행기들 중에서도 가장 특이한 것을 소개해

그냥 비대칭으로 만들고 싶었던 것 아닐까?

BV P.111

이렇게까지 해서 밸런스를 어긋나게 한 이유는?

볼까 합니다.

BV P.163은 언뜻 보면 조종석이 어디에도 없는 것처럼 보입니다. 그럼 대체 어디에 붙어 있는 것일까요? 놀랍게도 조종석이 **주익 양 끝**에 달려 있었습니다. 이런 이상한 곳에 조종석을 설치하다니, 과연 조종사는 제대로 이 비행기를 조종할 수 있었을까요? 주익이 좌우로 펼쳐져 있기에 조종석도 2개가 있었는데, 좌측이 조종, 우측은 기관총 사수를 담당했습니다. 이런 비행기를 진짜로 비행시키려 했다면 조종사도 도저히 버틸 수가 없지 않았을까요.

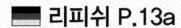 리피쉬 P.13a

개발 독일 연대 1944년

이런 날개 형태를 델타익이라고 하지!

종이 비행기를 뒤집어 거기에 제트 엔진을 달아 보았다

 프로필

- 전장……6.7m
- 비행 거리……1,000km
- 최대 속도……1,650km/h
- 무장……불명

　폭트 박사 외에도 독일에는 많은 항공 기술자들이 있었습니다. 그중에서 이번에는 알렉산더 리피쉬(Alexander Lippisch) 박사가 개발한 리피쉬(Lippisch) P.13a에 대해 소개해볼까 합니다.

　이 비행기는 독일이 1944년에 개발한 소형 항공기입니다. **제트 엔진에 삼각형 날개를 붙인 것에 불과**할 정도로 아주 단순한 형태에 조종석은 수직 날개에 묻혀 있는 모습이었는데, 여기에 더하여, 자원 절약을 위해 **연료는 가솔린이 아닌 석탄을 사용했을 정도였습니다.** 과연 이런 비행기가 잘 날 수는 있을까 걱정이 많았지만 의외로 성능도 좋고 안정적이었다고 합니다.

제 **6** 장

유감스러운
생물 병기

프로젝트 피전

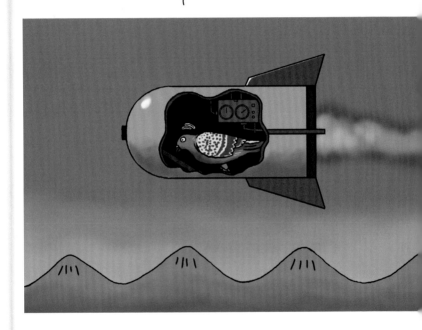

스키너는 동물 심리학 연구로
유명한 사람이죠.

📷 프로필

- 명칭……바위비둘기
- 분류……비둘기목 비둘기과
- 몸길이……약 30cm
- 분포……전 세계

개 발 미국   연 대 1940~50년대

미사일이 향할 곳은
비둘기만이 안다

평화의 상징으로 알려진 비둘기. 하지만 일찍이 군대의 연락용으로 전서구가 사용되는 등, 결코 전쟁과 무관한 동물이 아니었습니다. 심지어는 **미사일의 유도장치로 사용된 비둘기도** 있을 정도였으니 말이죠.

미국의 유명 심리학자인 버러스 프레드릭 스키너(Burrhus Frederic Skinner)는 미사일을 목표로 유도하는 장치에 바위비둘기를 이용하려고 했습니다. 바위비둘기라고 하면 공원에서도 흔히 볼 수 있는 새입니다만, 스키너는 스크린에 표시된 목표물을 쪼도록 비둘기들을 훈련시켰습니다. 그리고는 **이를 미사일 안에 넣어 비둘기가 스크린을 쫄 때마다 미사일의 궤도가 바뀌도록 장치했지요.**

이 계획은 '프로젝트 피전*'이라 불리며 연구가 진행되었으나, 도중에 중지되었습니다. 미사일에 사용되는 전자기기의 개발이 진척되면서 군이 비둘기를 사용할 필요가 없게 되었기 때문이었습니다. 결국 스키너에게 남은 것은 이미 쓸모가 없어진 **40여 마리의 건강한 바위비둘기들**뿐이었습니다.

🇪🇸 칠면조 낙하산

개 발 스페인　연 대 1930년대

날지 못하는 새인데, 낙하산 강하?!

화물이 상하지 않도록 확실히 전해주는 칠면조

 프로필

- 명칭……칠면조
- 분포……북아메리카
- 분류……닭목 꿩과 칠면조속
- 크기……약 1m

　칠면조라 하면 아메리카 대륙에 서식하는 날지 못하는 새의 일종으로 유명합니다. 이런 칠면조를 낙하산 대신으로 사용한 일이 있었는데, 스페인처럼 산지가 많은 곳에서 일반적인 낙하산을 사용할 경우, 지면에 부딪치면서 충격으로 보급품이 못쓰게 되어버리기 때문이었습니다.

　그래서 생각한 것이 칠면조에 보급품을 매달아 하늘에서 떨어뜨리는 것이었습니다. 그러면 칠면조는 떨어지지 않기 위해 필사적으로 날갯짓을 했고, 그만큼 **낙하 속도가 줄어들면서 그냥 낙하산보다 훨씬 안전하게 착지**할 수 있었다고 합니다.

🇺🇸 박쥐 폭탄

굳이 폭탄까지 들고 집에 숨을 필요가 있었을까?

그냥 폭탄을 떨어뜨리는 쪽이 훨씬 빠르지 않았을까?

 프로필

- 명칭······멕시코자유꼬리박쥐
- 분류······박쥐목 큰귀박쥐과
- 몸길이······약 5cm
- 분포······미국 텍사스 주

폭탄의 한 종류로 소이탄이라는 것이 있습니다. 이 폭탄은 폭발하면 강하게 타오르면서 화재를 일으켜 목표를 파괴하는데, **미국에서는 여기에 박쥐를 이용하려고 했던 적이 있습니다.**

야행성 동물인 박쥐는 아침이 밝아오면 어두운 곳에 숨으려고 하는 습성이 있습니다. 이런 습성을 이용하여 시한 신관이 달린 소이탄을 붙여 새벽이 오기 전에 폭격기에서 투하하려고 했던 것이죠. 아침이 되면 박쥐가 민가의 이곳저곳에 들어가 숨으려 할 것이었고, 시한 신관이 터지면서 가옥을 불태운다고 하는 계획이었습니다. 하지만, **굳이 이렇게 복잡한 방법을 쓸 필요성이 없었기에 계획은 중지되었습니다.**

🇵🇱 보이텍 하사

충실하게 임무를 다한
어느 불곰 이야기

　시리아 불곰인 보이텍(Wojtek)은 **제2차 세계대전 중에 자유 폴란드군에 소속되었던 참전영웅**입니다.

　보이텍은 어릴 적에 자유 폴란드군 제22 탄약보급중대에 거둬져 부대의 마스코트로 인기를 끌었습니다. 가장 좋아하는 것은 맥주와 담배로, 담배는 피울 수 없었기에 직접 씹어 먹었다고 합니다.

　보이텍이 소속되어 있던 부대의 이탈리아 전선 투입이 정해졌을 때, 문제가 발생했습니다. 보이텍은 동물이었기에 승객명부를 작성할 수 없고, 따라서 배에 태울 수 없었던 것이죠.

　그래서 군에서는 **보이텍을 징병하여 하사* 계급을 부여했고, 부대의 일원으로 이탈리아에 보내기로 결정**했습니다.

　당당하게 입대한 보이텍 하사는 이탈리아 전선에서 탄약을 나르는 임무에 종사했습니다. **발 디딜 곳이 마땅치 않은 산지에서도 탄약 상자를 떨어뜨리는 일 없이 제 몫을 다한 보이텍은 무사히 제2차 세계대전의 종전을 맞이했습니다.**

　전쟁이 끝나고, 보이텍은 영국의 에든버러 동물원에서 여생을 보냈으며, 보이텍이 소속되었던 제22 탄약보급중대는 포탄을 짊어진 보이텍의 모습을 부대의 문장으로 삼았습니다.

 　프로필

- ■ 명칭……시리아 불곰
- ■ 분류……곰과 큰곰속
- ■ 분포……중동아시아
- ■ 크기……약 180cm

---

　*육군 일반 병사보다 높은 계급.

🇺🇸🇷🇺 군용 돌고래

돌고래들도 평화를 위해
힘내고 있다고요.

 프로필

- 명칭……큰돌고래(병코돌고래)
- 분류……경우제목 이빨고래소목 참돌고래과
- 몸길이……약 3~4m
- 분포……전 세계

개 발 미국 러시아   연 대 1960년대~현재

군사적으로도 인간과 깊은 관계를 맺다

수족관의 돌고래쇼 등으로 친숙한 큰돌고래는, 머리도 좋고 인간과 대단히 깊은 관계를 맺고 있는 동물입니다. 그런데 큰돌고래는 **군사 목적으로도 이용되어왔습니다.**

물론 군용 돌고래가 배를 가라앉히거나 하는 무서운 임무에 투입된 것은 아닙니다. 큰돌고래에게 주어진 **대표적 임무는 바다에 들어간 잠수부의 구조 활동이었습니다.** 돌고래는 사람보다 크고 훨씬 헤엄을 잘 치기에 등에 잠수부를 태워 구조해 낼 수 있습니다.

또한 좀 위험한 임무로는 기뢰 탐색 임무가 있습니다. 기뢰란 배를 가라앉히기 위해 바다에 띄워둔 폭탄의 일종으로, 돌고래가 이것을 발견하면 군인들이 처리하게 됩니다.

돌고래를 군사 목적으로 사용하는 연구는 미국과 러시아에서 이뤄졌습니다. 러시아에서는 1990년대에 계획이 중지되었지만, 미국에서는 현재도 계속되고 있습니다. 최근에는 새로운 병기나 감지기의 개발이 진행되고 있어 돌고래가 군사 목적으로 쓰이는 일 없이 평화롭게 바다를 헤엄칠 날이 가까워져 오고 있다고 합니다.

유감 레벨

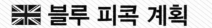 블루 피콕 계획

개발　영국　연대　1950년대

> 왜 하필 닭을
> 쓰려고 한 거지….

알이 아니니 폭탄을 품지 말아줘!

 프로필

- 분류……닭목 꿩아과 닭속
- 크기……약 50cm
- 체중……약 2~3kg
- 분포……전 세계

　냉전 시대에 영국에서는 소련의 서유럽 공격에 대비하여 핵지뢰라는 병기를 독일에 들여오려고 했습니다. 미리 핵폭탄을 땅속에 묻었다가 기폭하고자 했지만, 공교롭게도 그 기폭 장치는 추위에 약했습니다. 영국에서는 이 문제의 해결책으로 기상천외한 결론을 냈는데, 그것은 바로 살아있는 닭을 핵지뢰와 함께 매설한다는 것이었습니다. 하지만 **핵지뢰를 묻는 동안 대체 누가 닭에게 모이를 줘야 했을까요. 아니, 애초에 타국에 핵폭탄을 매설하는 것 자체가 큰 문제 행위라는 것을 인지한 시점**에서 이 계획은 중지되었습니다.

DragonflEye 계획

개 발 미국	연 대 2010년대 ~현재

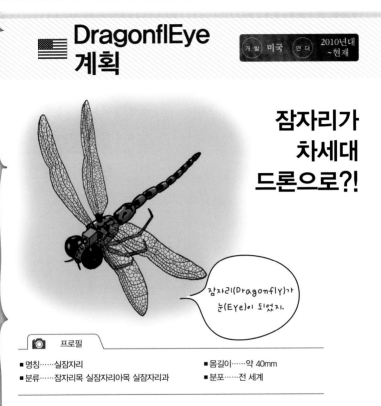

잠자리가 차세대 드론으로?!

잠자리(Dragonfly)가 눈(Eye)이 되었지.

📷 프로필

- 명칭……실잠자리
- 분류……잠자리목 실잠자리아목 실잠자리과
- 몸길이……약 40mm
- 분포……전 세계

오늘날, 이른바 '드론'이라 불리는 무인 항공기가 널리 알려져 있습니다만, 미국에서는 잠자리를 드론으로 사용하는 계획이 진행되고 있습니다. **이름하여 'DragonflEye*' 계획입니다.**

잠자리는 작은 곤충입니다만, 공중에 멈춰섰다가 다시 재빠르게 움직일 수 있는 특징적인 날개가 달려 있습니다. 또한 크기도 작아 적의 눈에 띄지 않기 때문에 **잠자리에 초소형 카메라를 달아 인간의 눈으로 활용하고자 하는 것입니다.** 조작은 장치에서 발하는 빛의 반응을 통해 이뤄지며, 외부에서 조종할 수 있습니다. 그야말로 미래의 드론이라 할 수 있겠군요.

마치며

병기의 개발은 단순히 강하기만 해서 좋은 것만은 아닙니다. 병기의 개발에 있어 중요한 포인트는 ①만들기 쉬울 것, ②사용하기 편할 것, ③강할 것. 이렇게 세 가지를 들 수 있습니다.

아무리 강한 병기를 만든다 하더라도 그것 하나만으로는 전쟁에서 이길 수 없는 법입니다. 그렇게까지 강하지는 않다 하더라도 만들기 쉽고, 사용하기 편한 병기를 많이 만들 수 있다면 그것만으로도 전쟁을 유리하게 이끌어갈 수 있는 것이지요.

유감스러운 병기들은 처음부터 '유감'스러워지기 위해 만들어진 것은 아니었습니다. 당시의 기술자나 발명가들이 보다 좋은 병기를 만들기 위해 고심한 끝에 태어난 것들이었지요. 하지만 '유감스러운 병기' 중에는 '만들기 쉬울 것'과 '사용하기 편할 것' 가운데 어느 한쪽이 결여된 것이 많다는 점을 눈치 채셨을 것입니다.

발상은 좋았지만, 설계가 엉망이었던 병기, 최신 기술을 욕심껏 집어넣으려 했다가 실패한 병기, 오직 강함만을 추구하다 만들기 쉬움을 등한시한 병기… 이들 '유감스러운 병기'의 역사가 현대의 병기 개발에까지 이어져 내려왔던 것입니다.

전쟁 있는 곳에 진기한 병기 또한 있을지니. 이러한 싸움 속에서 태어난 '유감스러운 병기'들에 대한 마음을 담아, 이만 붓을 내려놓을까 합니다.

색인

골리아트…042

괴력광선Z…022

군용 돌고래…120

다빈치의 원형 전차…058

다이너마이트 포…016

덕 풋 피스톨…025

델랑 10C2…107

라곤다 대공 화염 방사기…020

루이 보와로의 전차…060

리피쉬 P.13a…112

마일즈 리베룰라…092

마크I 전차…005

모터 스카우트…030

미드가르드 슈랑에…036

미스텔…098

박쥐 폭탄…117

밥 셈플…068

방귀 폭탄…018

보이텍 하사…118

볼튼 폴 디파이언트…084

브루스터 바디 실드…017

블루 피콕 계획…122

빙산 항모 하버쿡…080

스켈톤 탱크…052

스티파 카프로니…090

아처 대전차 자주포…062

에크라노플랜…076

요새 파괴 병기 오보이…044

우샤코프의 비행 잠수함…078

원형 포함…082

윈드 웨건 장갑차…032

이호 1형 을 무선 유도탄…019

이400형 잠수함…072

인플래토플레인…100

제럴드 R 포드급 항공모함…007

중뢰장함…070

초중전차 마우스…046

칠면조 낙하산…116

크룸라우프…028

트리프플뤼겔…096

판잰드럼…040

풍력포…024

풍선 폭탄…026

프레잉 맨티스…050

프로젝트 피전…114

프로트 라플리…034

헬멧 총…014

호르텐 Ho 229…094

AMX 40…048

A-40 안토노프…064

BV P.111…111

BV P.163…110

BV P.202…108

BV 141…108

B-2 '스피릿' 폭격기…009

C450 클리옵테르…106

DragonflEye 계획…123

F-35 '라이트닝II' 전투기…009

F-82 트윈 머스탱…088

P.1000 라테…066

P.1500 몬스터…067

SNCAO ACA-5…101

TV-1…054

TV-8…056

XFY-1 포고…104

XF5U(V-173)…086

XF-85 고블린…102

50만t 전함…074

80cm 열차포…038

유감스러운 병기 도감

초판 1쇄 인쇄 2021년 4월 10일
초판 1쇄 발행 2021년 4월 15일

저자 : 세계 병기사 연구회
번역 : 오광웅

펴낸이 : 이동섭
편집 : 이민규, 탁승규
디자인 : 조세연, 김현승, 황효주, 김형주, 김민지
영업 · 마케팅 : 송정환
e-BOOK : 홍인표, 유재학, 최정수, 서찬웅
관리 : 이윤미

㈜에이케이커뮤니케이션즈
등록 1996년 7월 9일(제302-1996-00026호)
주소 : 04002 서울 마포구 동교로 17안길 28, 2층
TEL : 02-702-7963~5   FAX : 02-702-7988
http://www.amusementkorea.co.kr

ISBN 979-11-274-4353-5 03390

ZANNEN NA HEIKI ZUKAN
©Akihiro Ito 2019
First published in Japan in 2019 by KADOKAWA CORPORATION, Tokyo.
Korean translation rights arranged with KADOKAWA CORPORATION, Tokyo.

창작을 위한 아이디어 자료
AK 트리비아 시리즈

-AK TRIVIA BOOK

No. 01 도해 근접무기
오나미 아츠시 지음 | 이창협 옮김 | 228쪽 | 13,000원
근접무기, 서브 컬처적 지식을 고찰하다!
검, 도끼, 창, 곤봉, 활 등 현대적인 무기가 등
장하기 전에 사용되던 냉병기에 대한 개설
서. 각 무기의 형상과 기능, 유형부터 사용 방법은 물론 서
브컬처의 세계에서 어떤 모습으로 그려지는가에 대해서
도 상세히 해설하고 있다.

No. 02 도해 크툴루 신화
모리세 료타 지음 | AK커뮤니케이션즈 편집부 옮김 | 240쪽 | 13,000원
우주적 공포. 현대의 신화를 파헤치다!
현대 환상 문학의 거장 H.P 러브크래프트의
손에 의해 창조된 암흑 신화인 크툴루 신화.
111가지의 키워드를 선정, 각종 도해와 일러스트를 통해
크툴루 신화의 과거와 현재를 해설한다.

No. 03 도해 메이드
이케가미 료타 지음 | 코트랜스 인터내셔널 옮김 |
238쪽 | 13,000원
메이드의 모든 것을 이 한 권에!
메이드에 대한 궁금증을 확실하게 해결해주
는 책. 영국, 특히 빅토리아 시대의 사회를 중심으로, 실존
했던 메이드의 삶을 보여주는 가이드북.

No. 04 도해 연금술
쿠사노 타쿠미 지음 | 코트랜스 인터내셔널 옮김 | 220쪽
| 13,000원
기적의 학문, 연금술을 짚어보다!
연금술사들의 발자취를 따라 연금술에 대해
자세하게 알아보는 책. 연금술에 대한 풍부한 지식을 쉽고
간결하게 정리하여, 체계적으로 해설하며, '진리'를 위해
모든 것을 바친 이들의 기록이 담겨있다.

No. 05 도해 핸드웨폰
오나미 아츠시 지음 | 이창협 옮김 | 228쪽 | 13,000원
모든 개인화기를 총망라!
권총, 기관총, 어설트 라이플, 머신건 등, 개
인 화기를 지칭하는 다양한 명칭들은 대체
무엇을 기준으로 하며 어떻게 붙여진 것일까? 개인 화기
의 모든 것을 기초부터 해설한다.

No. 06 도해 전국무장
이케가미 료타 지음 | 이재경 옮김 | 256쪽 | 13,000원
전국시대를 더욱 재미있게 즐겨보자!
소설이나 만화, 게임 등을 통해 많이 접할 수
있는 일본 전국시대에 대한 입문서. 무장들
의 활약상, 전국시대의 일상과 생활까지 상세히 서술. 전
국시대에 쉽게 접근할 수 있도록 구성했다.

No. 07 도해 전투기
가와노 요시유키 지음 | 문우성 옮김 | 264쪽 | 13,000원
빠르고 강력한 병기, 전투기의 모든 것!
현대전의 정점인 전투기. 역사와 로망 속의
전투기에서 최신예 스텔스 전투기에 이르기
까지, 인류의 전쟁사를 바꾸어놓은 전투기에 대하여 상세
히 소개한다.

No. 08 도해 특수경찰
모리 모토사다 지음 | 이재경 옮김 | 220쪽 | 13,000원
**실제 SWAT 교관 출신의 저자가 특수경찰의
모든 것을 소개!**
특수경찰의 훈련부터 범죄 대처법, 최첨단
수사 시스템, 기밀 작전의 아슬아슬한 부분까지 특수경찰
을 저자의 풍부한 지식으로 폭넓게 소개한다.

No. 09 도해 전차
오나미 아츠시 지음 | 문우성 옮김 | 232쪽 | 13,000원
지상전의 왕자, 전차의 모든 것!
지상전의 지배자이자 절대 강자 전차를 소개
한다. 전차의 힘과 이를 이용한 다양한 전술,
그리고 그 독특한 모습까지. 알기 쉬운 해설과 상세한 일
러스트로 전차의 매력을 전달한다.

No. 10 도해 헤비암즈
오나미 아츠시 지음 | 이재경 옮김 | 232쪽 | 13,000원
전장을 압도하는 강력한 화기, 총집합!
전장의 주역, 보병들의 든든한 버팀목인 강
력한 화기를 소개한 책. 대구경 기관총부터
유탄 발사기, 무반동총, 대전차 로켓 등, 압도적인 화력으
로 전장을 지배하는 화기에 대하여 알아보자!

No. 11 도해 밀리터리 아이템
오나미 아츠시 지음 | 이재경 옮김 | 236쪽 | 13,000원
군대에서 쓰이는 군장 용품을 완벽 해설!
이제 밀리터리 세계에 발을 들이는 입문자들을 위해 '군장 용품'에 대해 최대한 알기 쉽게 다루는 책. 세부적인 사항에 얽매이지 않고, 상식적으로 갖추어야 할 기초지식을 중심으로 구성되어 있다.

No. 12 도해 악마학
쿠사노 타쿠미 지음 | 김문광 옮김 | 240쪽 | 13,000원
악마에 대한 모든 것을 담은 총집서!
악마학의 시작부터 현재까지의 그 연구 및 발전 과정을 한눈에 알아볼 수 있도록 구성한 책. 단순한 흥미를 뛰어넘어 영적이고 종교적인 지식의 깊이까지 더할 수 있는 내용으로 구성.

No. 13 도해 북유럽 신화
이케가미 료타 지음 | 김문광 옮김 | 228쪽 | 13,000원
세계의 탄생부터 라그나로크까지!
북유럽 신화의 세계관, 등장인물, 여러 신과 영웅들이 사용한 도구 및 마법에 대한 설명까지! 당시 북유럽 국가들의 생활상을 통해 북유럽 신화에 대한 이해도를 높일 수 있도록 심층적으로 해설한다.

No. 14 도해 군함
다카하라 나루미 외 1인 지음 | 문우성 옮김 | 224쪽 | 13,000원
20세기의 전함부터 항모, 전략 원잠까지!
군함에 대한 입문서. 종류와 개발사, 구조, 제원 등의 기본부터, 승무원의 일상, 정비 비용까지 어렵게 여겨질 만한 요소를 도표와 일러스트로 쉽게 해설한다.

No. 15 도해 제3제국
모리세료 외 1인 지음 | 문우성 옮김 | 252쪽 | 13,000원
나치스 독일 제3제국의 역사를 파헤친다!
아돌프 히틀러 통치하의 독일 제3제국에 대한 개론서. 나치스가 권력을 장악한 과정부터 조직 구조, 조직을 이끈 핵심 인물과 상호 관계와 갈등, 대립 등, 제3제국의 역사에 대해 해설한다.

No. 16 도해 근대마술
하니 레이 지음 | AK커뮤니케이션즈 편집부 옮김 | 244쪽 | 13,000원
현대 마술의 개념과 원리를 철저 해부!
마술의 종류와 개념, 이름을 남긴 마술사와 마술 단체, 마술에 쓰이는 도구 등을 설명한다. 겉핥기식의 설명이 아닌, 역사와 각종 매체 속에서 마술이 어떤 영향을 주었는지 심층적으로 해설하고 있다.

No. 17 도해 우주선
모리세료 외 1인 지음 | 이재경 옮김 | 240쪽 | 13,000원
우주를 꿈꾸는 사람들을 위한 추천서!
우주공간의 과학적인 설명은 물론, 우주선의 태동에서 발전의 역사, 재질, 발사와 비행의 원리 등, 어떤 원리로 날아다니고 착륙할 수 있는지, 자세한 도표와 일러스트를 통해 해설한다.

No. 18 도해 고대병기
미즈노 히로키 지음 | 이재경 옮김 | 224쪽 | 13,000원
역사 속의 고대병기, 집중 조명!
지혜와 과학의 결정체, 병기. 그중에서도 고대의 병기를 집중적으로 조명, 단순한 병기의 나열이 아닌, 각 병기의 탄생 배경과 활약상, 계보, 작동 원리 등을 상세하게 다루고 있다.

No. 19 도해 UFO
사쿠라이 신타로 지음 | 서형주 옮김 | 224쪽 | 13,000원
UFO에 관한 모든 지식과, 그 허와 실.
첫 번째 공식 UFO 목격 사건부터 현재까지, 세계를 떠들썩하게 만든 모든 UFO 사건을 다룬다. 수많은 미스터리는 물론, 종류, 비행 패턴 등 UFO에 관한 모든 지식들을 알기 쉽게 정리했다.

No. 20 도해 식문화의 역사
다카하라 나루미 지음 | 채다인 옮김 | 244쪽 | 13,000원
유럽 식문화의 변천사를 조명한다!
중세 유럽을 중심으로, 음식문화의 변화를 설명한다. 최초의 조리 역사부터 식재료, 예절, 지역별 선호메뉴까지, 시대상황과 분위기, 사람들의 인식이 어떠한 영향을 끼쳤는지 흥미로운 사실을 다룬다.

No. 21 도해 문장
신노 케이 지음 | 기미정 옮김 | 224쪽 | 13,000원
역사와 문화의 시대적 상징물, 문장!
기나긴 역사 속에서 문장이 어떻게 만들어졌고, 어떤 도안들이 이용되었는지, 발전 과정과 유럽 역사 속 위인들의 문장이나 특징적인 문장의 인물에 대해 설명한다.

No. 22 도해 게임이론
와타나베 타카히로 지음 | 기미정 옮김 | 232쪽 | 13,000원
이론과 실용 지식을 동시에!
죄수의 딜레마, 도덕적 해이, 제로섬 게임 등 다양한 사례 분석과 알기 쉬운 해설을 통해, 누구나가 쉽고 직관적으로 게임이론을 이해하고 현실에 적용할 수 있도록 도와주는 최고의 입문서.

No. 23 도해 단위의 사전
호시다 타다히코 지음 | 문성욱 옮김 | 208쪽 | 13,000원
세계를 바라보고, 규정하는 기준이 되는 단위를 풀어보자!
전 세계에서 사용되는 108개 단위의 역사와 사용 방법 등을 해설하는 본격 단위 사전. 정의와 기준, 유래, 측정 대상 등을 명쾌하게 해설한다.

No. 29 도해 갑자기 그림을 잘 그리게 되는 법
나카야마 시게노부지음 | 이연희 옮김 | 204쪽 | 13,000원
멋진 일러스트의 초간단 스킬 공개!
투시도와 원근법만으로, 멋지고 입체적인 일러스트를 그릴 수 있는 방법. 그림에 대한 재능이 없다 생각 말고 읽어보자. 그림이 극적으로 바뀔 것이다.

No. 24 도해 켈트 신화
이케가미 료타 지음 | 곽형준 옮김 | 264쪽 | 13,000원
쿠 훌린과 핀 막 쿨의 세계!
켈트 신화의 세계관. 각 설화와 전설의 주요 등장인물들! 이야기에 따라 내용뿐만 아니라 등장인물까지 뒤바뀌는 경우도 있는데, 그런 특별한 사항까지 다루어, 신화의 읽는 재미를 더한다.

No. 30 도해 사케
키미지마 사토시 지음 | 기미정 옮김 | 208쪽 | 13,000원
사케를 더욱 즐겁게 마셔 보자!
선택 법, 온도, 명칭, 안주와의 궁합, 분위기 있게 마시는 법 등, 사케의 맛을 한층 더 즐길 수 있는 모든 지식이 담겨 있다. 일본 요리의 거장이 전해주는 사케 입문서의 결정판.

No. 25 도해 항공모함
노가미 아키토 외 1인 지음 | 오광웅 옮김 | 240쪽 | 13,000원
군사기술의 결정체, 항공모함 철저 해부!
군사력의 상징이던 거대 전함을 과거의 유물로 전락시킨 항공모함. 각 국가별 발달의 역사와 임무, 영향력에 대한 광범위한 자료를 한눈에 파악할 수 있다.

No. 31 도해 흑마술
쿠사노 타쿠미 지음 | 곽형준 옮김 | 224쪽 | 13,000원
역사 속에 실존했던 흑마술을 총망라!
악령의 힘을 빌려 행하는 사악한 흑마술을 총망라한 책. 흑마술의 정의와 발전, 기본 법칙을 상세히 설명한다. 또한 여러 국가에서 행해졌던 흑마술 사건들과 관련 인물들을 소개한다.

No. 26 도해 위스키
츠치야 마모루 지음 | 기미정 옮김 | 192쪽 | 13,000원
위스키, 이제는 제대로 알고 마시자!
다양한 음용법과 글라스의 차이, 바 또는 집에서 분위기 있게 마실 수 있는 방법까지, 위스키의 맛을 한층 돋아주는 필수 지식이 가득! 세계적인 위스키 평론가가 전하는 입문서의 결정판.

No. 32 도해 현대 지상전
모리 모토싸 지음 | 정은택 옮김 | 220쪽 | 13,000원
아프간 이라크! 현대 지상전의 모든 것!!
저자가 직접, 실제 전장에서 활동하는 군인은 물론 민간 군사기업 관계자들과도 폭넓게 교류하면서 얻은 정보들을 아낌없이 공개하는 책. 현대전에 투입되는 지상전의 모든 것을 해설한다.

No. 27 도해 특수부대
오나미 아츠시 지음 | 오광웅 옮김 | 232쪽 | 13,000원
불가능이란 없다! 전장의 스페셜리스트!
특수부대의 탄생 배경, 종류, 규모, 각종 임무, 그들만의 특수한 장비, 어떠한 상황에서도 살아남기 위한 생존 기술까지 모든 것을 보여주는 책. 왜 그들이 스페셜리스트인지 알게 될 것이다.

No. 33 도해 건파이트
오나미 아츠시 지음 | 송명규 옮김 | 232쪽 | 13,000원
총격전에서 일어나는 상황을 파헤친다!
영화, 소설, 애니메이션 등에서 볼 수 있는 총격전. 그 장면들은 진짜일까? 실전에서는 총기를 어떻게 다루고, 어디에 몸을 숨겨야 할까. 자동차 추격전에서의 대처법 등 건 액션의 핵심 지식.

No. 28 도해 서양화
다나카 쿠미코 지음 | 김상호 옮김 | 160쪽 | 13,000원
서양화의 변천사와 포인트를 한눈에!
르네상스부터 근대까지, 시대를 넘어 사랑받는 명작 84점을 수록. 각 작품들의 배경과 특징, 그림에 담겨있는 비유적 의미와 기법, 감상 포인트를 명쾌하게 해설하였으며, 더욱 깊은 이해를 위한 역사와 종교 관련 지식까지 담겨있다.

No. 34 도해 마술의 역사
쿠사노 타쿠미 지음 | 김진아 옮김 | 224쪽 | 13,000원
마술의 탄생과 발전 과정을 알아보자!
고대에서 현대에 이르기까지 마술은 문화의 발전과 함께 널리 퍼져나갔으며, 다른 마술과 접촉하면서 그 깊이를 더해왔다. 마술의 발생시기와 장소, 변모 등 역사와 개요를 상세히 소개한다.

No. 35 도해 군용 차량
노가미 아키토 지음 | 오광웅 옮김 | 228쪽 | 13,000원
지상의 왕자, 전차부터 현대의 바퀴달린 사역 마까지!!
전투의 핵심인 전투 차량부터 눈에 띄지 않는 무대에서 묵묵히 임무를 다하는 각종 지원 차량까지. 각자 맡은 임무에 충실하도록 설계되고 고안된 군용 차량만의 다채로운 세계를 소개한다.

No. 36 도해 첩보·정찰 장비
사카모토 아키라 지음 | 문성호 옮김 | 228쪽 | 13,000원
승리의 열쇠 정보! 정보전의 모든 것!
소음총, 소형 폭탄, 소형 카메라 및 통신기 등 영화에서나 등장할 법한 첩보원들의 특수 장비부터 정찰 위성에 이르기까지 첩보 및 정찰 장비들을 400점의 사진과 일러스트로 설명한다.

No. 37 도해 세계의 잠수함
사카모토 아키라 지음 | 류재학 옮김 | 242쪽 | 13,000원
바다를 지배하는 침묵의 자객, 잠수함.
잠수함은 두 번의 세계대전과 냉전기를 거쳐, 최첨단 기술로 최신 무장시스템을 갖추어왔다. 원리와 구조, 승조원의 훈련과 임무, 생활과 전투 방법 등을 사진과 일러스트로 철저히 해부한다.

No. 38 도해 무녀
토키타 유스케 지음 | 송명규 옮김 | 236쪽 | 13,000원
무녀와 샤머니즘에 관한 모든 것!
무녀의 기원부터 시작하여 일본의 신사에서 치르고 있는 각종 의식, 그리고 델포이의 무녀, 한국의 무당을 비롯한 세계의 샤머니즘과 각종 종교를 106가지의 소주제로 분류하여 해설한다!

No. 39 도해 세계의 미사일 로켓 병기
사카모토 아키라 | 유병준·김성훈 옮김 | 240쪽 | 13,000원
ICBM부터 THAAD까지!
현대전의 진정한 주역이라 할 수 있는 미사일. 보병이 휴대하는 대전차 로켓부터 공대공 미사일, 대륙간 탄도탄, 그리고 근래 들어 언론의 주목을 받고 있는 ICBM과 THAAD까지 미사일의 모든 것을 해설한다!

No. 40 독과 약의 세계사
후나야마 신지 지음 | 진정숙 옮김 | 292쪽 | 13,000원
독과 약의 차이란 무엇인가?
화학물질을 어떻게 유용하게 활용할 수 있는가 하는 것은 인류에 있어 중요한 과제 가운데 하나라 할 수 있다. 독과 약의 역사, 그리고 우리 생활과의 관계에 대하여 살펴보도록 하자.

No. 41 영국 메이드의 일상
무라카미 리코 지음 | 조아라 옮김 | 460쪽 | 13,000원
빅토리아 시대의 아이콘 메이드!
가사 노동자이며 직장 여성의 최대 다수를 차지했던 메이드의 일과 생활을 통해 영국의 다른 면을 살펴본다. 『엠마 빅토리안 가이드』의 저자 무라카미 리코의 빅토리아 시대 안내서.

No. 42 영국 집사의 일상
무라카미 리코 지음 | 기미정 옮김 | 292쪽 | 13,000원
집사, 남성 가사 사용인의 모든 것!
Butler, 즉 집사로 대표되는 남성 상급 사용인. 그들은 어떠한 일을 했으며 어떤 식으로 하루를 보냈을까? 『엠마 빅토리안 가이드』의 저자 무라카미 리코의 빅토리안 시대 안내서 제2탄.

No. 43 중세 유럽의 생활
가와하라 아쓰시 외 1인 지음 | 남지연 옮김 | 260쪽 | 13,000원
새롭게 조명하는 중세 유럽 생활사
철저히 분류되는 중세의 신분. 그 중 『일하는 자』의 일상생활은 어떤 것이었을까? 각종 도판과 사료를 통해, 중세 유럽에 대해 알아보자.

No. 44 세계의 군복
사카모토 아키라 지음 | 진정숙 옮김 | 130쪽 | 13,000원
세계 각국 군복의 어제와 오늘!!
형태와 기능미가 절묘하게 융합된 의복인 군복. 제2차 세계대전에서 현대에 이르기까지, 각국의 전투복과 정복 그리고 각종 장구류와 계급장, 훈장 등. 군복만의 독특한 매력을 느껴보자!

No. 45 세계의 보병장비
사카모토 아키라 지음 | 이상언 옮김 | 234쪽 | 13,000원
현대 보병장비의 모든 것!
군에 있어 가장 기본이 되는 보병! 개인화기, 전투복, 군장, 전투식량, 그리고 미래의 장비까지. 제2차 세계대전 이후 눈부시게 발전한 보병 장비와 현대전에 있어 보병이 지닌 의미에 대하여 살펴보자.

No. 46 해적의 세계사
모모이 지로 지음 | 김효진 옮김 | 280쪽 | 13,000원
『영웅』인가, 『공적』인가?
지중해, 대서양, 카리브해, 인도양에서 활동했던 해적을 중심으로, 영웅이자 약탈자, 정복자, 야심가 등 여러 시대에 걸쳐 등장했던 다양한 해적들이 세계사에 남긴 발자취를 더듬어본다.

No. 47 닌자의 세계
야마키타 아츠시 지음 | 송명규 옮김 | 232쪽 | 13,000원
실제 닌자의 활약을 살펴본다!
어떠한 임무라도 완수할 수 있도록 닌자는 온갖 지혜를 짜내며 궁극의 도구와 인술을 만들어냈다. 과연 닌자는 역사 속에서 어떤 활약을 펼쳤을까.

No. 48 스나이퍼
오나미 아츠시 지음 | 이상언 옮김 | 240쪽 | 13,000원
스나이퍼의 다양한 장비와 고도의 테크닉!
아군의 절체절명 위기에서 한 끗 차이의 절묘한 타이밍으로 전세를 역전시키기도 하는 스나이퍼의 세계를 알아본다.

No. 49 중세 유럽의 문화
이케가미 쇼타 지음 | 이은수 옮김 | 256쪽 | 13,000원
심오하고 매력적인 중세의 세계!
기사, 사제와 수도사, 음유시인에 숙녀. 그리고 농민과 상인과 기술자들. 중세 배경의 판타지 세계에서 자주 보았던 그들의 리얼한 생활을 풍부한 일러스트와 표로 이해한다!

No. 50 기사의 세계
이케가미 슌이치 지음 | 남지연 옮김 | 232쪽 | 15,000원
중세 유럽 사회의 주역이었던 기사!
기사들은 과연 무엇을 위해 검을 들었는가. 지향하는 목표는 무엇이었는가. 기사의 탄생에서 몰락까지, 역사의 드라마를 따라가며 그 진짜 모습을 파헤친다.

No. 51 영국 사교계 가이드
무라카미 리코 지음 | 문성호 옮김 | 216쪽 | 15,000원
19세기 영국 사교계의 생생한 모습!
당시에 많이 출간되었던 「에티켓 북」의 기술을 바탕으로, 빅토리아 시대 중류 여성들의 사교 생활을 알아보며 그 속마음까지 들여다본다.

No. 52 중세 유럽의 성채 도시
가이하쓰사 지음 | 김진희 옮김 | 232쪽 | 15,000원
견고한 성벽으로 도시를 둘러싼 성채 도시!
성채 도시는 시대의 흐름에 따라 문화, 상업, 군사 면에서 진화를 거듭한다. 궁극적인 기능미의 집약체였던 성채 도시의 주민 생활상부터 공성전 무기, 전술까지 상세하게 알아본다.

No. 53 마도서의 세계
쿠사노 타쿠미 지음 | 남지연 옮김 | 236쪽 | 15,000원
마도서의 기원과 비밀!
천사와 악마 같은 영혼을 소환하여 자신의 소망을 이루는 마도서의 원리를 설명한다.

No. 54 영국의 주택
야마다 카요코 외 지음 | 문성호 옮김 | 252쪽 | 17,000원
영국인에게 집은 「물건」이 아니라 「문화」다!
영국 지역에 따른 집들의 외관 특징, 건축 양식, 재료 특성, 각층 주택 스타일을 상세하게 설명한다.

No. 55 발효
고이즈미 다케오 지음 | 장현주 옮김 | 224쪽 | 15,000원
미세한 거인들의 경이로운 세계!
세계 각지 발효 문화의 놀라운 신비와 의의를 살펴본다. 발효를 발전시켜온 인간의 깊은 지혜와 훌륭한 발상이 보일 것이다.

No. 56 중세 유럽의 레시피
코스트마리 사무국 슈 호카 지음 | 김효진 옮김 | 164쪽 | 15,000원
간단하게 중세 요리를 재현!
당시 주로 쓰였던 향신료, 허브 등 중세 요리에 대한 풍부한 지식은 물론 더욱 맛있게 즐길 수 있는 요리법도 함께 소개한다.

No. 57 알기 쉬운 인도 신화
천축 기담 지음 | 김진희 옮김 | 228쪽 | 15,000원
전쟁과 사랑 속의 인도 신들!
강렬한 개성이 충돌하는 무아와 혼돈의 이야기를 담았다. 2대 서사시 「라마야나」와 「마하바라타」의 세계관부터 신들의 특징과 일화에 이르는 모든 것을 파악한다.

No. 58 방어구의 역사
다카히라 나루미 지음 | 남지연 옮김 | 244쪽 | 15,000원
역사에 남은 다양한 방어구!
기원전 문명의 아이템부터 현대의 방어구인 헬멧과 방탄복까지 그 역사적 변천과 특색·재질·기능을 망라하였다.

No. 59 마녀 사냥

모리시마 쓰네오 지음 | 김진희 옮김 | 244쪽 | 15,000원

중세 유럽의 잔혹사!

15~17세기 르네상스 시대에 서구 그리스
도교 국가에서 휘몰아친 '마녀사냥'의 광
풍. 중세 마녀사냥의 실상을 생생하게 드러낸다.

No. 60 노예선의 세계사

후루가와 마사히로 지음 | 김효진 옮김 | 256쪽 | 15,000원

400년 남짓 대서양에서 자행된 노예무역!

1000만 명에 이르는 희생자를 낸 노예무
역. '이동 감옥'이나 다름없는 노예선 바닥
에서 다시 한 번 근대를 돌이켜본다.

No. 61 말의 세계사

모토무라 료지 지음 | 김효진 옮김 | 288쪽 | 15,000원

역사로 보는 인간과 말의 관계!

인간과 말의 만남은 역사상 최대급의 충격
이었다고 해도 과언이 아니다. 전쟁, 교역.
세계 제국…등의 역사 속에서, 말이 세계
사를 어떻게 바꾸었는지 조명해본다.

-AK TRIVIA SPECIAL

환상 네이밍 사전

신키겐샤 편집부 지음 | 유진원 옮김 | 288쪽 | 14,800원

의미 없는 네이밍은 이제 그만!
운명은 프랑스어로 무엇이라고 할까? 독일어,
일본어로는? 중국어로는? 더 나아가 이탈리아
어, 러시아어, 그리스어, 라틴어, 아랍어에 이르
기까지. 1,200개 이상의 표제어와 11개국어, 13,000개 이
상의 단어를 수록!!

중2병 대사전

노무라 마사타카 지음 | 이재경 옮김 | 200쪽 | 14,800원

이 책을 보는 순간, 당신은 이미 궁금해하고 있다!
사춘기 청소년이 행동할 법한, 손발이 오그라드
는 행동이나 사고를 뜻하는 중2병. 서브컬처 작
품에 자주 등장하는 중2병의 의미와 기원 등. 102개의 항목
에 대해 해설과 칼럼을 곁들여 알기 쉽게 설명 한다.

크툴루 신화 대사전

고토 카츠 외 1인 지음 | 곽형준 옮김 | 192쪽 | 13,000원

신화의 또 다른 매력, 무한한 가능성!
H.P. 러브크래프트를 중심으로 여러 작가들의
설정이 거대한 세계관으로 자리잡은 크툴루 신
화. 현대 서브 컬처에 지대한 영향을 끼치고 있다. 대중 문화
속에 알게 모르게 자리 잡은 크툴루 신화의 요소를 설명하는
본격 해설서.

문양박물관

H. 돌메치 지음 | 이지은 옮김 | 160쪽 | 8,000원

세계 문양과 장식의 정수를 담다!
19세기 독일에서 출간된 H. 돌메치의 『장식의
보고』를 바탕으로 제작된 책이다. 세계 각지의
문양 장식을 소개한 이 책은 이론보다 실용에
초점을 맞춘 입문서. 화려하고 아름다운 전 세계의 문양을 수
록한 실용적인 자료집으로 손꼽힌다.

고대 로마군 무기·방어구·전술 대전

노무라 마사타카 외 3인 지음 | 기미도루 옮김 | 224쪽 | 13,000원

위대한 정복자, 고대 로마군의 모든 것!
부대의 편성부터 전술, 장비 등. 고대 최강의 군
대라 할 수 있는 로마군이 어떤 집단이었는지
상세하게 분석하는 해설서. 압도적인 군사력으로 세계를 석
권한 로마 제국. 그 힘의 전모를 철저하게 검증한다.

도감 무기 갑옷 투구

이치카와 사다하루 외 3인 지음 | 남지연 옮김 | 448쪽 | 29,000원

역사를 망라한 궁극의 군장도감!
고대로부터 무기는 당시 최신 기술의 정수와 함
께 철학과 문화, 신념이 어우러져 완성되었다.
이 책은 그러한 무기들의 기능, 원리, 목적 등과 더불어 그 기
원과 발전 양상 등을 그림과 표를 통해 알기 쉽게 설명하고
있다. 역사상 실재한 무기와 갑옷. 투구들을 통사적으로 살펴
보자!

중세 유럽의 무술, 속 중세 유럽의 무술

오사다 류타 지음 | 남유리 옮김 |
각 권 672쪽~624쪽 | 각 권 29,000원

본격 중세 유럽 무술 소개서!
막연하게만 떠오르는 중세 유럽~르네상스 시
대에 활약했던 검술과 격투술의 모든 것을 담은
책. 영화, 만화에서만 접할 수 있었던 유럽 중세시
대 무술의 기본이념과 자세, 방어, 보법부터, 시
대를 풍미한 각종 무술까지, 일러스트를 통해
알기 쉽게 설명한다.

최신 군용 총기 사전

토코이 마사미 지음 | 오경웅 옮김 | 564쪽 | 45,000원

세계 각국의 현용 군용 총기를 총망라!
주로 군용으로 개발되었거나 군대 또는 경찰의
대테러부대처럼 중무장한 조직에 배치되어 사
용되고 있는 소화기가 중점적으로 수록되어 있으며, 이외에
도 각 제작사에서 국제 군수시장에 수출할 목적으로 개발, 시
제품만이 소수 제작되었던 총기류도 함께 실려 있다.

초패미컴, 초초패미컴

타네 키요시 외 2인 지음 | 문성호 외 1인 옮김 |
각 권 360, 296쪽 | 각 권 14,800원

게임은 아직도 패미컴을 넘지 못했다!
패미컴 탄생 30주년을 기념하여, 1983년 『동
키콩』 부터 시작하여, 1994년 『타카하시 명인
의 모험도 IV』까지 총 100여 개의 작품에 대한
리뷰를 담은 영구 소장판. 패미컴과 함께했던
아련한 추억을 간직하고 있는 모든 이들을 위한
책이다.

초쿠소게 1,2

타네 키요시 외 2인 지음 | 문성호 옮김 |
각 권 224, 300쪽 | 각 권 14,800원

망작 게임들의 숨겨진 매력을 재조명!
『쿠소게クソゲ—』란 '똥-クソ'과 '게임-Game'의
합성어로, 어감 그대로 정말 못 만들고 재미없
는 게임을 지칭할 때 사용되는 조어이다. 우리
말로 바꾸면 망작 게임 정도가 될 것이다. 레트
로 게임에서부터 플레이스테이션3까지 게이머
들의 기대를 보란듯이 저버렸던 수많은 쿠소게
들을 총망라하였다.

초에로게, 초초에로게 하드코어

타네 키요시 외 2인 지음 | 이선우 옮김 |
각 권 276쪽, 280쪽 | 각 권 14,800원

명작 18금 게임 총출동!
에로게란 '에로-エロ'와 '게임-Game'의 합성어
로, 말 그대로 성적인 표현이 담긴 게임을 지칭
한다. '에로게 헌터'라 자처하는 베테랑 저자들
의 엄격한 심사(?)를 통해 선정된 '명작 에로게'
들에 대한 본격 리뷰집!!

세계의 전투식량을 먹어보다
키쿠즈키 토시유키 지음 | 오퍼웅 옮김 | 144쪽 | 13,000원

전투식량에 관련된 궁금증을 한권으로 해결!
전투식량이 전장에 자리를 잡아가는 과정과, 미국의 독립전쟁부터 시작하여 역사 속 여러 전쟁의 전투식량 배급 양상을 살펴보는 책. 식품부터 식기까지, 수많은 전쟁 속에서 전투식량이 어떠한 모습으로 등장하였고 병사들은 이를 어떻게 취식하였는지, 흥미진진한 역사를 소개하고 있다.

세계장식도 Ⅰ, Ⅱ
오귀스트 라시네 지음 | 이지은 옮김 | 각 권 160쪽 |
각 권 8,000원

공예 미술계 불후의 명작을 농축한 한 권!
19세기 프랑스에서 가장 유명한 디자이너였던 오귀스트 라시네의 대표 저서 「세계장식 도집성」에서 인상적인 부분을 뽑아내 콤팩트하게 정리한 다이제스트판. 공예 미술의 각 분야를 포괄하는 내용을 담은 책으로, 방대한 예시를 더욱 정교하게 소개한다.

서양 건축의 역사
사토 다쓰키 지음 | 조민경 옮김 | 264쪽 | 14,000원

서양 건축사의 결정판 가이드 북!
건축의 역사를 살펴보는 것은 당시 사람들의 의식을 들여다보는 것과도 같다. 이 책은 고대에서 중세, 르네상스기로 넘어오며 탄생한 다양한 양식들을 당시의 사회, 문화, 기후, 토질 등을 바탕으로 해설하고 있다.

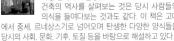

세계의 건축
코우다 미노루 외 1인 지음 | 조민경 옮김 | 256쪽 |
14,000원

고품격 건축 일러스트 자료집!
시대를 망라하여, 건축물의 외관 및 내부의 장식을 정밀한 일러스트로 소개한다. 흔히 보이는 풍경이나 딱딱한 도시의 건축물이 아닌, 고풍스러운 건물들을 섬세하고 세밀한 선화로 표현하여 만화, 일러스트 자료에 최적화된 형태로 수록하고 있다

지중해가 낳은 천재 건축가 -안토니오 가우디
이리에 마사유키 지음 | 김진아 옮김 | 232쪽 | 14,000원

천재 건축가 가우디의 인생, 그리고 작품
19세기 말~20세기 초의 카탈루냐 지역 및 그의 작품들이 지어진 바르셀로나의 지역사, 그리고 카사 바트요, 구엘 공원, 사그라다 파밀리아 성당 등의 작품들을 통해 안토니오 가우디의 생애를 본격적으로 살펴본다.

민족의상 1,2
오귀스트 라시네 지음 | 이지은 옮김 |
각 권 160쪽 | 각 8,000원

화려하고 기품 있는 색감!!
디자이너 오귀스트 라시네의 「복식사」 전 6권 중에서 민족의상을 다룬 부분을 바탕으로 제작되었다. 당대에 정점에 올랐던 석판 인쇄 기술로 완성되어, 시대가 흘렀음에도 그 세세하고 풍부하고 아름다운 색감이 주는 감동은 여전히 빛을 발한다.

중세 유럽의 복장
오귀스트 라시네 지음 | 이지은 옮김 | 160쪽 | 8,000원

고품격 유럽 민족의상 자료집!!
19세기 프랑스의 유명한 디자이너 오귀스트 라시네가 직접 당시의 민족의상을 그린 자료집. 유럽 각지에서 사람들이 실제로 입었던 민족의상의 모습을 그대로 풍부하게 수록하였다. 각 나라의 특색과 문화가 담겨있는 민족의상을 감상할 수 있다.

그림과 사진으로 풀어보는 **이상한 나라의 앨리스**
구와바라 시게오 지음 | 조민경 옮김 | 248쪽 | 14,000원

매혹적인 원더랜드의 논리를 완전 해설!
산업 혁명을 통한 눈부신 문명의 발전과 그 그늘. 도덕주의와 엄숙주의, 위선과 허영이 병존하던 빅토리아 시대는 「원더랜드」의 탄생과 그 배경으로 어떻게 작용했을까? 순진 무구한 소녀 앨리스가 우연히 발을 들인 기묘한 세상의 완전 가이드북!!

그림과 사진으로 풀어보는 **알프스 소녀 하이디**
지바 가오리 외 지음 | 남지연 옮김 | 224쪽 | 14,000원

하이디를 통해 살펴보는 19세기 유럽사!
「하이디」라는 작품을 통해 19세기 말의 스위스를 알아본다. 또한 원작가 슈피리의 생애를 교차시켜 「하이디」의 세계를 깊이 파고든다. 「하이디」를 읽을 사람은 물론, 작품을 보다 깊이 감상하고 싶은 사람에게 있어 좋은 안내서가 되어줄 것이다.

영국 귀족의 생활
다나카 료조 지음 | 김상욱 옮김 | 192쪽 | 14,000원

영국 귀족의 우아한 삶을 조명한다
현대에도 귀족제도가 남아있는 영국. 귀족이 영국 사회에서 어떠한 의미를 가지고 또 기능하는지, 상세한 설명과 사진자료를 통해 귀족 특유의 화려함과 고상함의 이면에 자리 잡은 책임과 무게, 귀족의 삶 깊숙한 곳까지 스며든 '노블레스 오블리주'의 진정한 의미를 알아보자.

요리 도감
오치 도요코 지음 | 김세원 옮김 | 384쪽 | 18,000원
요리는 힘! 삶의 저력을 키워보자!!
이 책은 부모가 자식에게 조곤조곤 알려주는 요리 조언집이다. 처음에는 요리가 서툴고 다소 귀찮게 느껴질지 모르지만, 약간의 요령과 습관만 익히면 스스로 요리를 완성한다는 보람과 매력, 그리고 요리라는 삶의 지혜에 눈을 뜨게 될 것이다.

초콜릿어 사전
Dolcerica 가가와 리카코 지음 | 이지은 옮김 | 260쪽 | 13,000원
사랑스러운 일러스트로 보는 초콜릿의 매력!
나른해지는 오후, 기력 보충 또는 기분 전환 삼아 한 조각 먹게 되는 초콜릿. 「초콜릿어 사전」은 초콜릿의 역사와 종류, 제조법 등 기본 정보와 관련 용어 그리고 그 해설을 유머러스하면서도 사랑스러운 일러스트와 함께 싣고 있는 그림 사전이다.

사육 재배 도감
아라사와 시게오 지음 | 김민영 옮김 | 384쪽 | 18,000원
동물과 식물을 스스로 키워보자!
생명을 돌보는 것은 결코 쉬운 일이 아니다. 꾸준히 손이 가고, 인내심과 동시에 책임감을 요구하기 때문이다. 그럴 때 이 책과 함께 한다면 어떨까? 살아있는 생명과 함께하며 성숙해진 마음은 그 무엇과도 바꿀 수 없는 보물로 남을 것이다.

판타지세계 용어사전
고타니 마리 감수 | 전홍식 옮김 | 248쪽 | 18,000원
판타지의 세계를 즐기는 가이드북!
온갖 신비로 가득한 판타지의 세계. 「판타지세계 용어사전」은 판타지의 세계에 대한 이해를 돕고 보다 깊이 즐길 수 있도록, 세계 각국의 신화, 전설, 역사적 사건 속의 용어들을 뽑아 해설하고 있으며, 한국어판 특전으로 역자가 엄선한 한국 판타지 용어 해설집을 수록하고 있다.

식물은 대단하다
다나카 오사무 지음 | 남지연 옮김 | 228쪽 | 9,800원
우리 주변의 식물들이 지닌 놀라운 힘!
오랜 세월에 걸쳐 거목을 말려 죽이는 교살자 무화과나무, 딱지를 만들어 몸을 지키는 바나나 등 식물이 자신을 보호하는 아이디어, 환경에 적응하여 살아가기 위한 구조의 대단함을 해설한다. 동물은 흉내 낼 수 없는 식물의 경이로운 능력을 알아보자.

세계사 만물사전
헤이본사 편집부 지음 | 남지연 옮김 | 444쪽 | 25,000원
우리 주변의 교통 수단을 시작으로, 의복, 각종 악기와 음악, 문자, 농업, 신화, 건축물과 유적 등. 고대부터 제2차 세계대전 종전 이후까지의 각종 사물 약 3000점의 유래와 그 역사를 상세한 그림으로 해설한다.

그림과 사진으로 풀어보는 마녀의 약초상자
니시무라 유코 지음 | 김상호 옮김 | 220쪽 | 13,000원
「약초」라는 키워드로 마녀를 추적하다!
정체를 알 수 없는 약물을 제조하거나 저주와 마술을 사용했다고 알려진 「마녀」란 과연 어떤 존재였을까? 그들이 제조해온 마법약의 재료와 제조법, 마녀들이 특히 많이 사용했던 여러 종의 약초와 그에 얽힌 이야기들을 통해 마녀의 비밀을 알아보자.

고대 격투기
오사다 류타 지음 | 남지연 옮김 | 264쪽 | 21,800원
고대 지중해 세계의 격투기를 총망라!
레슬링, 복싱, 판크라티온 등의 맨몸 격투술에서 무기를 활용한 전투술까지 풍부하게 수록한 격투 교본. 고대 이집트·로마의 격투술을 일러스트로 상세하게 해설한다.

초콜릿 세계사
-근대 유럽에서 완성된 갈색의 보석
다케다 나오코 지음 | 이지은 옮김 | 240쪽 | 13,000원
신비의 약이 연인 사이의 선물로 자리 잡기까지의 역사!
원산지에서 「신의 음료」라고 불렸던 카카오. 유럽 탐험가들에 의해 서구 세계에 알려진 이래, 19세기에 이르러 오늘날의 형태와 같은 초콜릿이 탄생했다. 전 세계로 널리 퍼질 수 있었던 초콜릿의 흥미진진한 역사를 살펴보자.

에로 만화 표현사
키미 리토 지음 | 문성호 옮김 | 456쪽 | 29,000원
에로 만화에 학문적으로 접근하다!
에로 만화 주요 표현들의 깊은 역사, 복잡하게 얽힌 성립 배경과 관련 사건 등에 대해 자세히 분석해본다.

크툴루 신화 대사전

히가시 마사오 지음 | 전홍식 옮김 | 552쪽 | 25,000원

크툴루 신화 세계의 최고의 입문서!

크툴루 신화 세계관은 물론 그 모태인 러브크
래프트의 문학 세계와 문화사적 배경까지 총망
라하여 수록한 대사전이다.

아리스가와 아리스의 밀실 대도감

아리스가와 아리스 지음 | 김효진 옮김 | 372쪽 | 28,000원

41개의 놀라운 밀실 트릭!

아리스가와 아리스의 날카로운 밀실 추리소설
해설과 이소다 가즈이치의 생생한 사건현장 일
러스트가 우리를 놀랍고 신기한 밀실의 세계로
초대한다.

연표로 보는 과학사 400년

고야마 게타 지음 | 김진희 옮김 | 400쪽 | 17,000원

알기 쉬운 과학사 여행 가이드!

「근대 과학」이 탄생한 17세기부터 우주와 생명
의 신비에 자연 과학으로 접근한 현대까지, 파
란만장한 400년 과학사를 연표 형식으로 해설
한다.

제2차 세계대전 독일 전차

우에다 신 지음 | 오광웅 옮김 | 200쪽 | 24,800원

일러스트로 보는 독일 전차!

전차의 사양과 구조, 포탄의 화력부터 전차병의
군장과 주요 전장 개요도까지, 제2차 세계대전
의 전장을 누볐던 독일 전차들을 풍부한 일러
스트와 함께 상세하게 소개한다

구로사와 아키라 자서전 비슷한 것

구로사와 아키라 지음 | 김경남 옮김 | 360쪽 | 15,000원

거장들이 존경하는 거장

영화감독 구로사와 아키라의 반생을 회고한 자
서전. 구로사와 아키라의 영화가 사람들의 마음
을 움직였던 힘의 근원이 무엇인지, 거장의 성
찰과 고백을 통해 생생하게 드러난다.